ÉTUDE CRITIQUE

SUR LES

ABORDAGES

NÉCESSITÉ

D'ÉCLAIRER LES NAVIRES PAR L'ARRIÈRE

NOUVEAU SYSTÈME DE FANAL

PAR

Louis CAFFARENA

Avocat au Barreau de Toulon

Membre de la Société académique du Var

et de plusieurs sociétés savantes.

Lucenda est puppis, p. 49.

TOULON

TYPOGRAPHIE ET LITHOGRAPHIE Ch. MIHIÈRE & Cie

56, BOULEVARD DE STRASBOURG, 56

1876

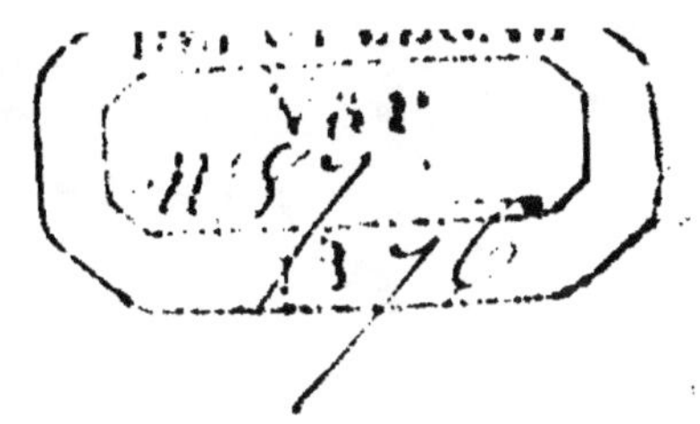

ÉTUDE CRITIQUE

SUR

LES ABORDAGES

DU MÊME AUTEUR

DE L'ABSENCE DU CHIRURGIEN SUR LES NAVIRES MARCHANDS. — MOYEN D'Y SUPPLÉER. — 1874, Toulon, 142 p. in-8°.

DEVANT PARAITRE TRÈS PROCHAINEMENT :

DES ÉPAVES MARITIMES. — DU NAVIRE ABANDONNÉ EN PLEINE MER. — DU DROIT DES SAUVETEURS, suivi de la LÉGISLATION DES PRINCIPAUX PAYS MARITIMES.

EN PRÉPARATION :

DICTIONNAIRE DE DROIT MARITIME

En 2 Volumes

Avec l'explication de plus de *trois mille* termes de marine.

ÉTUDE CRITIQUE

SUR LES

ABORDAGES

NÉCESSITÉ

D'ÉCLAIRER LES NAVIRES PAR L'ARRIÈRE

NOUVEAU SYSTÈME DE FANAL

PAR

LOUIS CAFFARENA

Avocat au Barreau de Toulon

Membre de la Société académique du Var, etc.

Lucenda est puppis, p. 49.

TOULON

TYPOGRAPHIE ET LITHOGRAPHIE CH. MIHIÈRE & CIE
56, BOULEVARD DE STRASBOURG, 56
—
1876

A MON ONCLE

ESPRIT CAFFARENA

ANCIEN CAPITAINE AU LONG COURS

NÉGOCIANT-ARMATEUR

EX-JUGE SUPPLÉANT AU TRIBUNAL DE COMMERCE DE TOULON

Ce Livre est affectueusement et cordialement dédié

L. C.

PRÉFACE

—

Il n'y a pas encore trois ans — le 23 novembre
1873, à 2 heures du matin — *la Ville-du-Hâvre*,
superbe paquebot de la Compagnie Transatlantique,
sombrait en pleine mer, à cent milles des côtes de
France, à la suite d'un terrible abordage avec le
Loch-Earn, trois-mâts norwégien. Nous fûmes pro-
fondément ému par ce désastre survenu « pendant
une belle nuit, par un temps calme et un ciel
étoilé, » et qui fit 226 victimes. Encouragé de plus
par l'accueil bienveillant que le public fit à notre
opuscule : « *De l'absence du chirurgien sur les navires
marchands. — Moyen d'y suppléer,* » paru en 1874,

ainsi que par les lettres toutes flatteuses et les nombreux témoignages d'approbation, adressés par des médecins, des officiers de marine, des capitaines au long cours, à qui nous étions complètement inconnu, et même par quelques sociétés savantes, nous n'avons pas voulu rester dans l'inaction. Nous avons terminé et revu, avec un soin tout spécial — à cause des difficultés qu'il présentait — un travail sur les *Abordages*, élaboré depuis plusieurs années. Mais ici, et à plus forte raison encore, les mêmes observations et les mêmes sujets de crainte que nous manifestions dans notre première brochure, nous reviennent malgré nous et nous obligent à les répéter. Était-ce bien à nous, en effet, d'écrire un tel ouvrage, de raisonner sur une telle matière et de montrer à des marins le défaut de la cuirasse? Avions-nous navigué suffisamment, avions-nous fait le quart et vu de quelle manière se passent les choses à la mer, pour venir donner des conseils à des gens pleins d'expérience, qui ont blanchi dans leur métier? Oui et non, répondrons-nous. Oui, puisque le mal progressait sans cesse et que personne n'avait mentionné quelques-unes des causes certaines occasionnant ces catastrophes, — terribles hécatombes qui font toutes les années, tant de veuves et d'orphelins. Touché de cet état douloureux de choses, nous n'avons fait qu'obéir à un pur sentiment d'humanité et au cri de notre cœur. — Non, si nous considérons notre incompétence à bien nous expliquer, à employer des expressions techniques, à parler en un mot un langage facilement compris de tous les marins qui daigneront nous lire. Dans tous les cas, quelle que soit la perspective d'un succès ou d'un revers qui doive nous atteindre, nous comptons beaucoup sur l'indulgence de nos lecteurs. En effet, loin de nous critiquer sévèrement pour avoir traité un pareil sujet, ne doit-on pas, au contraire, nous savoir gré d'aller à la découverte de l'inconnu, de donner l'exemple et de stimuler certains esprits qui savent, mais qui n'osent pas? En d'autres termes, nous n'avons fait que mettre en pratique la formule, trop rarement observée de nos jours, que l'on exprime en disant : il faut avoir la force de soutenir son opinion. Car, ainsi que l'a dit un des plus grands génies et un des plus grands écrivains de ce siècle : *« quel que soit l'accueil fait à ce livre, il est de ceux qu'il faut faire au risque d'être mal accueilli du grand nombre. Il est de ceux qui irritent beaucoup de personnes et qui en calment beaucoup d'autres; il est de ceux qui restent comme symptômes historiques, appréciations du présent ou appels à l'avenir. »* (1)

Mais, disons-le tout de suite, comme circonstance atténuante en notre faveur, qu'on ne s'attende pas à nous voir traiter la question au point de vue de la science nautique ou théorique, au point de vue de ces fameuses règles si critiquées, si controversées, par les marins eux-mêmes, *de la barre à babord*, ou de savoir quel est celui des deux navires qui doit se déranger pour laisser passer l'autre, suivant le vent, le genre de voilure et autres cas prévus et déter-

(1) George Sand, préface de *Mademoiselle la Quintinie*.

minés. Non, c'eût été de la témérité de notre part et nous laissons ce soin à des gens réellement compétents et plus habiles que nous.

Le véritable point de vue sous lequel ce travail a été fait, est celui qui est matériel, qui frappe les yeux, que l'on peut comme toucher du doigt. Nous voulons parler du système d'éclairage actuel, considéré comme une des causes des abordages, de son imperfection, de ses inconvénients, des modifications et des perfectionnements dont il serait susceptible, et ici, il n'est pas besoin d'être un marin célèbre et consommé, un Lapeyrouse ou un Bougainville. Il ne faut que de la perspicacité, de la patience et du bon sens. En se plaçant à ce point de vue, chacun de nous, marin ou non, peut apporter sa pierre à l'édifice. Chacun de nous doit contribuer à la recherche de la vérité, selon ses forces, la mesure de ses connaissances et de ses études spéciales. Et, qu'on le sache bien, constater l'existence d'un vice quelconque, faire connaître tout ce qui peut être amélioré, vulgariser de nouveaux moyens de salut, c'est faire acte de bonne volonté et de dévouement ; nous dirons même plus, c'est contribuer aussi à arracher nos semblables à la mort. A ce titre encore, on a droit à l'attention et au respect de tous.

Pouvoir être utile, pour si peu que ce soit, à nos braves et vaillants marins, tel est le but de ce travail. Car, loin de ressembler à ce personnage du poète Lucrèce qui aime à voir, du bord du rivage, le nautonnier se débattre au milieu des flots agités, et prend plaisir à le voir ainsi ballotté, pendant qu'il est à l'abri du danger, nous sommes, au contraire, de ceux qui, lorsqu'ils entendent le vent souffler en rafales et la tempête gronder au loin, ne peuvent s'empêcher d'éprouver un grand serrement de cœur et de s'écrier : Ah ! pauvres marins !

Puisse donc ce travail recevoir un bon accueil de la part des marins pour qui nous l'avons principalement écrit et offrir également quelque utilité aux magistrats consulaires, aux membres du barreau et à tous ceux qui, par leur profession, s'occupent de ces questions

maritimes, questions généralement très complexes
et très controversées en même temps.

Certes, nous n'avons pas la prétention de voir
adopter toutes nos observations et toutes nos idées
développées dans cet ouvrage ; mais, n'aurions-nous
contribué à sauver qu'une personne seulement, n'y
aurait-il qu'une seule vérité, qu'une seule idée susceptible d'être mise en pratique, nous nous esti-
merions très-heureux de l'avoir divulguée et nous
nous trouverions largement récompensé de tous les
efforts et de tous les soins consacrés à cette étude.
Certainement, — pourquoi se le dissimuler? — notre
profession ne sera peut-être pas une très-bonne recommandation pour beaucoup de personnes qui ne
jugent de la valeur d'un livre que par la signature
seulement ou par la position de l'auteur dans la
société. Nous le savons, mais peu nous importe. Il
ne faut pas, comme dit le proverbe, trop se fier aux
apparences et se baser sur des suppositions. N'y a-
t-il pas des officiers de l'armée de terre et des officiers de marine qui sont pourvus de leur diplôme

de licencié ou de docteur en droit et qui ont écrit même sur cette matière, si ardue et si ingrate cependant? Eh bien! pourquoi, la réciproque ne serait-elle pas vraie? D'ailleurs, quoi qu'il en soit, nous rappellerons, en finissant, quelques lignes d'un excellent petit traité, qui fut non-seulement un faible essai, comme disait l'auteur dans sa préface, mais un ouvrage profond que l'on a toujours consulté avec fruit : (1)

« Platon, dans le *Timée*, après avoir désigné, parmi divers triangles, celui qu'il préfère, ajoute : « *si l'on prouve qu'il n'a pas la supériorité, on obtiendra* « *notre amitié pour récompense.* » Ces belles paroles devraient être inscrites sur le fronton de toutes les Académies. Prouver, alors, que la doctrine de tel membre éminent n'a pas la supériorité, serait un titre à son amitié. Est-il rien de plus évangélique et j'oserai dire de plus nouveau? Ces mots contiennent toute la doctrine du progrès scientifique. L'histoire

---

(1) *Traité de la couleur et de la lumière*, 1852, par M. Ziégler, artiste peintre très-estimé.

nous offre l'exemple de certaines erreurs qui furent comme les marches de la science pour atteindre à la vérité. Aussi doit-on quelque reconnaissance aux hommes qui vont courageusement à la découverte, sans craindre l'implacable rancune des uns s'ils réussissent, ou le rire plus implacable encore des autres s'ils tombent dans l'erreur. » — Ces paroles, quoique remontant à une époque assez éloignée, en 1852, peuvent parfaitement s'appliquer à notre sujet. Que nos lecteurs veuillent donc bien nous prêter quelques instants d'attention et ne porter aucun jugement défavorable avant d'avoir pris connaissance complète des observations et des critiques que nous avons émises. Lisez et vous jugerez ensuite, dirons-nous à tous. C'est la seule chose que nous vous demandons.

Avant de terminer, qu'il nous soit permis de remercier publiquement les personnes qui nous ont aidé de leurs sages conseils et d'adresser particulièrement à M. Kœnig, lieutenant de vaisseau, qui a bien voulu mettre à notre disposition son talent de dessi-

nateur, l'expression de notre plus vive reconnaissance. Enfant de la noble Alsace, au cœur français
et vraiment patriote, c'est une âme ardente, géné-
reuse et d'initiative, dont le savoir n'a d'égal que sa
modestie; aussi, ne compte-t-il que des amis. (1)

Enfin, parmi les ouvrages que nous avons con-
sultés, souvent avec fruit, et auxquels nous avons
fait d'importants emprunts, nous devons citer en
première ligne la *Revue Maritime et coloniale, les
Annales du sauvetage maritime,* que nous lisons sans
cesse et avec un intérêt toujours nouveau, et en
dernier lieu le recueil de *Jurisprudence Commerciale
et Maritime de Marseille,* publié par MM. Girod et
Clariond, véritable mine inépuisable où l'on est sûr
de trouver tous les renseignements désirables.

––––––––––

(1) Nous devons à M. Kœnig les deux dessins représentant les
deux abordages, pages 50 et 54.

DES ABORDAGES

La question des abordages ou collisions en mer occupe de plus en plus les esprits, et l'on peut même dire, sans être taxé d'exagération, qu'elle est constamment à l'ordre du jour. On le conçoit sans peine, à bien considérer, car les abordages sont actuellement un des plus grands dangers de la navigation et tout le monde, quoique à des titres différents, y est intéressé. Qui de nous, en effet, n'a un père, un parent ou un ami, constamment exposé à la merci des flots et à ces événements de mer aussi terribles qu'imprévus ? Le capitaine et son équipage, l'armateur et le passager, tout comme le consignataire et les assureurs y ont également leur vie, leurs marchandises ou leurs capitaux engagés ; eux aussi, doivent chercher des moyens pour combattre le mal, afin de garantir et sauvegarder leurs intérêts. Que dire enfin du commerce, en général, ou plutôt du consommateur ? N'est-il pas aussi directement intéressé à ce que ces accidents soient évités le plus souvent possible ? Sinon, tout venant à renchérir, les produits étrangers et coloniaux ne pouvant être introduits dans le pays qu'à de grands risques et périls, il devra forcément supporter l'augmentation du prix sur les matières premières, et par suite, sur tout ce qui est nécessaire pour les besoins de la vie. A quel prix fort élevé n'arriverait-on pas si, au lieu de venir en abondance dans nos ports, le coton et la soie, le minerai et le charbon, le sucre, le café, les huiles, le blé surtout, allaient, à de fréquents intervalles, s'engloutir dans la mer et apparaissaient plus rarement sur nos quais et nos marchés ? Nous n'exagérions donc pas, tout à l'heure, en disant que la question est d'intérêt public s'il en fût jamais, d'une importance exceptionnelle et qu'elle nous lie étroitement les uns aux autres, dans la sphère sociale, tout comme les anneaux d'une chaîne ou l'engrenage d'une machine.

En France, comme dans tous les pays, mais surtout en Angleterre, où toutes les questions concernant la marine prennent de l'importance auprès du *Board of Trade* (1) et dans les Cercles maritimes si forte-

(1) Le *Board of Trade*, en Angleterre, n'est pas, comme l'ont dit beaucoup d'auteurs, le ministère de commerce lui-même; c'est un bureau de commerce, une espèce de conseil supérieur de commerce, chargé de présenter au gouvernement des projets de lois, des réformes concernant le commerce maritime du pays. Le *Board of Trade* est au ministère du commerce, en Angleterre, ce qu'est, en France, le conseil supérieur de l'instruction publique auprès de ce ministère. (Voir à la fin des détails très exacts et très intéressants sur cette grande institution.)

ment organisés, (1) bien des thèses ont été soutenues, bien des ouvrages ont été écrits, et de nombreux articles publiés, depuis ces dernières années, tenant ainsi sans cesse l'opinion publique en éveil.

Des opinions pour et contre, émises par des esprits fort compétents, ont été examinées, discutées et combattues, de part et d'autre, avec autant d'énergie que de talent. (2) Aussi, faut-il le reconnaître, plusieurs modifications ont été apportées et un grand nombre de difficultés résolues. Mais, malgré tout, malgré le zèle et l'ardeur infatigables du corps savant des ingénieurs et des officiers de marine de toutes les nations, malgré les progrès incontestables de la

(1) Depuis quelques années, il existe en France des Cercles maritimes, composés d'armateurs et de capitaines au long cours; ainsi il y en a à Marseille (1 mars 1869), au Hâvre et à Bordeaux. Dans ces deux dernières villes, ce ne sont, à proprement parler, que des sociétés de secours mutuels pour les capitaines; mais on y traite aussi toutes les questions concernant le commerce maritime et la marine marchande.

(2) Parmi les champions anglais les plus ardents et les plus émérites, citons M. Plimsoll, qui a soulevé, il y a quelque temps, en Angleterre, une véritable croisade contre ses idées; M. William Stirling Lacon, auteur de plusieurs brochures très estimées sur la marine et sur les abordages; le commander Heuchtoto, M. Holland, sir John Hay, M. Thomas Gray, etc., etc.

En France, parmi les articles les plus remarqués, nous mentionnerons en première ligne l'excellent projet d'éclairage pour éviter les abordages, par M. Prompt, lieutenant de vaisseau, mort depuis quelques années; la brochure de M. Bayot, capitaine de frégate; un article de M. Jules Vavin, capitaine de frégate, et un article de M. Lejeune, capitaine de vaisseau, insérés dans la *Revue Maritime et Coloniale*, etc.

science et les perfectionnements de l'art naval, il en
reste encore — et ce sont les plus graves peut-être - -
qui exigent une prompte solution, dans l'intérêt de
tous. Chaque année, la statistique — cette science
brutale, aux chiffres inflexibles et indiscutables—nous
donne le funèbre inventaire, bien incomplet assurément, des sinistres maritimes et la liste fort longue
des malheureuses victimes ensevelies dans les flots.
Hélas ! de cet examen, ressort une chose triste à
dire et à constater : c'est que, les collisions en
mer, très rares autrefois, alors que les navires
ne portaient pas de fanaux, loin de diminuer aujour-
d'hui, augmentent, au contraire, dans une effrayante
proportion, par suite de l'extension que prennent
chaque jour la navigation à vapeur et les marines
marchandes et militaires de tous les pays. Ainsi,
d'après les documents authentiques, donnés par le
Board of Trade anglais, nous remarquons qu'il y a
eu, sur les côtes d'Angleterre seulement : (1)

En 1852,   57 abordages.
En 1853,   73   —
En 1854,   94   —

(1) L'Angleterre est le pays qui tient le mieux ses statistiques au
sujet des accidents de mer, à cause de l'intérêt exceptionnel que ce
pays apporte à la marine marchande et aux questions commerciales
maritimes.

(Voir à la fin des détails sur la statistique générale des sinistres
maritimes.)

En 1855, 206 abordages, dont 49 coulés bas.
En 1856, 307   —
En 1859, 323   —
En 1860, 298   —
En 1861, 340   —
En 1864, 351 abordages, dont 88 survenus de jour et 263
    de nuit.
En 1865, 354 abordages, dont 240 la nuit et 114 le jour.
En 1866, 368 abordages.
En 1867, 414 abordages, dont 286 la nuit et 128 le jour.
En 1868, 370 abordages.
En 1869, 372   —

Ce nombre considérable d'abordages ne concernant que l'Angleterre, et dont la moyenne annuelle est aujourd'hui de 330, s'explique par la présence des brumes intenses qui constamment y règnent, et par le nombre infini des navires qui se rendent ou sortent des ports de la Grande-Bretagne. (1)

Sur les côtes de France, heureusement, le nombre des collisions est, de beaucoup, moins considérable. Et cependant, ses côtes baignées par trois mers, présentent un développement de plus de 2,400 kilo-

(1) Le nombre des navires de toute espèce, à l'entrée ou à la sortie des ports d'Angleterre, est de plus de 40,000 chaque année. C'est un continuel va-et-vient entre ce pays et toutes les parties du monde.

D'après le *Lloyd's List* et le *Shipping-Gazette*, journaux maritimes de Londres, il y a eu dans l'espace de onze années — de 1815 à 1855 — 6,908 abordages, rien que sur les côtes anglaises, ce qui ferait une moyenne de 628 par an!

mètres, renfermant 400 ports environ. La raison en est que la plupart des ports de France sont d'un accès facile et commode, rarement couverts par les brumes et moins fréquentés, relativement, que ceux d'Angleterre. De là, moins d'encombrement et par suite, moins de chances de s'aborder. Il ne faut pourtant pas s'en rapporter complètement à cet égard à ce que disent les statistiques françaises. Elles doivent certainement, ici, commettre des erreurs et ne pas être les interprètes fidèles de la vérité, voici pourquoi. D'après la *Revue Maritime* et *Coloniale* — la mieux renseignée de toutes les publications maritimes — nous n'aurions eu que 23 abordages seulement, dans l'espace de quatre ans, de 1862 à 1865, dont deux parce que les navires n'avaient pas leurs feux allumés :

En 1862	6 abordages	9 victimes.
En 1863	5 —	
En 1864	3 —	
En 1865	9 —	3 victimes.
	23 abordages.	12 victimes.

En 1866, 20 abordages, dont 6 de nuit et 1 pour absence de feux.

En 1867, 29 abordages.

En 1868, 10 —

En 1869-70-71, 53 abordages, 30 la nuit et 13 pendant le jour. Pour les 10 autres, pas de renseignements. Dans cinq cas les abordeurs *n'avaient pas de feux.*

Voulant nous assurer du fait, vraiment étonnant, nous avons écrit à Marseille, à Bordeaux, au Hàvre, à Dunkerque, et voici le résultat de nos recherches :

A Bordeaux, le nombre des sinistres n'a pu être précisé exactement, mais, nous a-t-on écrit, ils ont été *assez nombreux* durant cette période. A Marseille, même réponse. Mais à Dunkerque, d'après les recherches faites dans les archives du pilotage, nous trouvons dix collisions importantes, en moins de deux ans, savoir :

1o — 13 Décembre 1865 — Collision entre *S. II.* et *Para.*

2o — 14 Novembre 1866 — *Mirliton* et *Notre-Dame des Dunes.*

3o - 15 Novembre 1866 — *Ville d'Agde*, abordée pendant la nuit par un vapeur inconnu.

4o — 8 Décembre 1866 — Goëlette *Alix* et un trois-mâts anglais.

5o — . . . . 1866 -- Deux corvettes pilotes.

6o — . . . . 1866 — Un vapeur anglais et le *Ruylinghen* (feu flottant).

7o — Janvier 1867 — Trois-mâts anglais et une corvette pilote.

8o — 17 Mars 1867 — Goëlette *Virginie* coulée par le vapeur *Glingarry.*

9o — 2 Juin 1867 — *Rubens* et *Bois-Chollet.*

10o — 16 Juillet 1867 — Le vapeur *Marie-Stuart* et une goëlette anglaise.

Or, si cinq abordages ont eu lieu en 1866 aux environs de Dunkerque seulement, il y a fortement à présumer qu'aux environs de Boulogne, du Hâvre, de Cherbourg, Brest, Nantes, Bordeaux, Cette, Marseille, Toulon et Nice, où la navigation est plus active, le nombre des abordages a dû être en proportion dans chacun de ces ports, et par suite, dépasser le chiffre 20, constaté par les statistiques françaises. Quoi qu'il en soit, et quel qu'en soit le chiffre réel, il est certain que les abordages sont infiniment plus rares sur les côtes de France que sur les côtes d'Angleterre.

Le tableau ci-dessous, dressé pour la première fois en 1866, par le comité de statistique du Lloyd anglais, nous donne d'une manière plus complète le nombre des abordages survenus en pleine mer et sur toutes les côtes du globe. Ces chiffres, quoique très élevés, sont encore de beaucoup au-dessous de la vérité, d'abord, parce-qu'ils ne comprennent que les navires assurés et non ceux qui ne l'étaient pas; ensuite, parce que beaucoup de gouvernements négligent d'en tenir un compte exact. D'autres fois, les avaries sont réglées à l'amiable et ne sont enregistrées nulle part; enfin, il est des cas où les navires sont coulés sur place, pendant une nuit obscure, et il est impossible d'en avoir jamais aucune nouvelle, aucun renseignement.

ANNÉES.	NOMBRE DES COLLISIONS.	NAVIRES AVARIÉS.	BATIMENTS COULÉS.
1866 (1)	1.958	»	108
1867	2.062	1.200	185
1868	1.923	1.117	160
1869	2.185	1.343	157
1870	2.290	1.365	176
1871	2.561	1.487	167
TOTAUX..	12.979	5.412	1.052
Moyenne annuelle....	2.163 (2)	1.302	175

Passons maintenant à l'énumération des valeurs perdues.

Il y a chaque année, au bas mot, 175 bâtiments coulés; estimons à 100,000 fr. la valeur moyenne de chacun de ces bâtiments, le chargement compris, (3) cela ferait encore une somme de 17 mil-

(1) Dont 1,614 voiliers et 344 steamers.

(2) Au lieu de 2,163 abordages et 175 navires coulés, on est plus près de la vérité en portant le chiffre à 2,300 collisions et à 200 navires coulés chaque année.

(3) Le moindre navire de 120 tonneaux coûte de 20 à 22,000 fr. ; autant pour la cargaison, cela fait 40 à 45,000 fr. Mais nous n'avons rien exagéré en fixant la moyenne à 100,000 fr., parce que sur ce chiffre de 175 bâtiments, coulés chaque année, beaucoup valent

lions 500,000 fr. Sur les autres 1,127 bâtiments (175 + 1,127 = 1,302) qui ont résisté aux avaries, il y a eu des dommages à supporter, des pertes de marchandises survenues à la suite des voies d'eau occasionnées par le choc, des dépenses à faire pour les remettre en bon état, des affrètements perdus pendant ce laps de temps, etc. Fixons ces frais à 10,000 fr. pour chacun d'eux, nous avons 11,270,000 fr., ce qui fait en tout, près de 30,000,000 de pertes occasionnées au commerce par les abordages, dans une seule année.

Supposons, maintenant, un équipage de 11 à 12 hommes seulement à bord de chacun de ces navires coulés, ce serait 2,000 personnes noyées annuellement; ajoutons, enfin, un nombre égal de passagers, (1) et nous arrivons au chiffre *minimum* de 4,000 victimes, au moins, englouties chaque année par suite d'abordages. Tel est, en deux mots, le véri-

---

plusieurs centaines de mille francs, tels que les gros trois-mâts richement chargés, et quelques-uns même, des millions, comme les paquebots.

(1) L'année 1873 a été une année exceptionnelle pour les accidents sur mer :

En janvier 1873, le *North-Fleet* est abordé par le *Murillo*, en vue des côtes anglaises, 350 victimes.

Le 1er avril 1873, l'*Atlantic* coule en vue des côtes des Etats-Unis, 560 victimes.

Le 23 novembre 1873, la *Ville-du-Hâvre*, abordée par le *Loch-Earn*, coule bas en pleine mer, 226 victimes. — En tout, 1,136 victimes pour trois navires seulement !

table et lugubre tableau que nous voyons se reproduire avec une précision aussi mathématique que lamentable et auquel on ne peut faire qu'un reproche, celui d'être certainement très inférieur à la réalité. La question, on le voit, mérite donc d'être étudiée sous toutes ses faces et dans tous ses détails, car elle est d'une importance extrême sous tous les rapports : la vie des gens, le commerce et la richesse maritime des diverses nations.

Après avoir établi le nombre et la nature des abordages, c'est-à-dire constaté le mal, nous allons, maintenant, en indiquer les causes et les moyens d'y porter remède, si faire se peut.

Vivement ému, comme nous l'avons dit, du nombre croissant des sinistres maritimes, surtout depuis la collision du *North-Fleet*, pendant qu'il était à l'ancre, en vue de Dungeness (côte d'Angleterre), où sur 400 personnes, 320 trouvèrent la mort et de l'abordage de la *Ville-du-Hâvre*, qui, récemment encore, (1) « *par un ciel étoilé et une belle mer,* » servait de tombe à 226 personnes, nous nous sommes mis à l'œuvre, pour prendre part à l'enquête internationale ouverte depuis quelques années, et étudier les deux questions suivantes :

1° A quels inconvénients, à quels vices, faut-il

____

(1) L'abordage de la *Ville-du-Hâvre* par le *Loch-Earn*, trois-mâts norwégien, a eu lieu le 23 novembre 1873, à deux heures du matin.

attribuer les nombreux accidents qui se présentent, ou, en d'autres termes, quelles sont les véritables causes des abordages ?

2° N'y aurait-il pas un moyen efficace qui pût servir, sinon à éviter complètement ces chocs, tout au moins, à en diminuer le nombre d'une façon sensible ?

Telle est l'étude à laquelle nous avons consacré pendant longtemps de grandes recherches et nos soins les plus assidus, étude envisagée purement au point de vue pratique et non au point de vue théorique, ou des règles à suivre à la mer.

Voici les conclusions auxquelles nous sommes arrivé :

Les abordages, outre les causes *matérielles* généralement connues, telles que : manque de surveillance, négligence de la part des hommes de l'équipage, mauvais éclairage, absence des feux pendant la nuit sur beaucoup de navires, reposent aussi sur d'autres causes très graves qui sont :

1° Imperfection et insuffisance du système d'éclairage actuel.

2° Position fausse et défectueuse des fanaux.

3° Difficulté, lorsqu'on aperçoit un navire, la nuit, de reconnaître aussitôt et exactement sa direction.

4° Confusion ou fausse interprétation de la couleur des feux.

5o Inobservation de la longueur règlementaire des écrans des fanaux.

6o Enfin, insuffisance des signaux par temps de brume.

Les inconvénients, signalés tout d'abord, étant constatés et reconnus depuis longtemps, nous ne parlerons que des derniers, surtout des nos 2, 4 et 5, qui, nous ne savons pour quel motif, ont très-rarement attiré l'attention des personnes compétentes et nous pourrions même dire, leur ont complètement échappé jusqu'à ce jour.

DEUX REMARQUES IMPORTANTES

I

Ab uno disce... multos.

Avant d'aller plus loin, il est deux remarques fort importantes que nous devons signaler à l'attention de nos lecteurs, car toute la question des abordages est là. La première est celle-ci :

Les accidents sur mer — tout le monde le sait — n'arrivent, les trois quarts du temps, que par suite de *négligence* ou par *défaut de surveillance*, la nuit principalement. (1) A quoi cela tient-il ? Est-ce, parce que les forces ou les facultés humaines, ont, à certains moments, des faiblesses, des défaillances inévitables, qui s'expliquent par une fatigue excessive ou par un travail accompli dans des circonstances anormales, par une pluie battante, sous un soleil de

---

(1) En 1856, sur 307 abordages survenus sur les côtes d'Angleterre : 1° 7 navires ont été perdus et 28 avariés par oubli des lumières prescrites.

2° 15 ont été perdus et 50 avariés par manque de vigilance.

3° 5 ont été perdus et 26 avariés par négligence.

En 1864, sur 351 abordages, 61 ont eu lieu par défaut de surveillance des vigies et 23 par négligence. Il en est de même chaque année.

plomb ou par un froid très rigoureux, par exemple ?
Oh ! s'il en était ainsi, il n'y aurait rien à dire. Mais
non. Si l'on constate avec peine une négligence
excessive, si les abordages sont fréquents, cela tient
à un grave préjugé passé à l'état de chose vraie,
admis par tous les marins, aussi bizarre, aussi
incompréhensible, que terrible par les conséquences
qu'il peut avoir. Voici ce qui se passe, en effet,
lorsque les capitaines se trouvent, en mer, dans un
endroit qu'ils *croient* peu ou pas fréquenté par d'autres navires : « *A quoi bon*, disent-ils, *prendre de
grandes précautions. — Il n'y a personne ici. — Il
n'y a pas de bâtiments dans ces parages. Il est inutile
d'allumer les feux. — Gardons l'huile pour le détroit.
— Nous n'avons rien à craindre et nous pouvons dormir tranquilles....* » Voilà, chose inouïe, le langage
que tiennent, à peu d'exception près, les marins du
commerce en général. Mais ils oublient, les imprudents, qu'un autre navire, et plusieurs même, peuvent se trouver aussi dans les mêmes parages. Il en
résulte alors, que tous naviguant sous l'empire du
même raisonnement, de cette même idée contre laquelle on ne saurait trop s'élever, ils se créent eux-
mêmes la première cause de leurs malheurs. Pendant quelque temps, ils navigueront sans le moindre
incident, puis un beau jour — ou plutôt une nuit
— au moment où l'on y pensera le moins, tout-à-
coup, un choc effrayant se produira, bientôt suivi

de pleurs et de cris déchirants. On s'était trompé.
On avait cru être seul, ne rencontrer personne là.
Mais un autre bâtiment, avec lequel la collision a
eu lieu, est venu trop tard, hélas! démontrer le
contraire.

En écrivant ces lignes, et en indiquant au fur et
à mesure que l'occasion s'est présentée, certains
moyens d'amélioration et de perfectionnement, qui
nous ont paru sages et praticables, nous ne prétendons pas faire disparaître, comme par enchantement,
toutes les causes d'abordage. Non, ce serait une
utopie. Il y a eu des abordages et il y en aura toujours, tant qu'il y aura des navires sur mer. Mais
nous dirons, avec chance d'avoir raison : que les
hommes de l'équipage veillent un peu mieux, *ouvrent
l'œil,* comme disent fort à propos les marins, et les
abordages diminueront considérablement. Aurait-on
le système le meilleur, le plus perfectionné, le plus
éclairant, la lumière électrique et mieux encore, que
si on ne veille pas, si le navire vogue à la grâce de
Dieu et au gré des flots, si les hommes *dorment* sur
le pont ou dans quelque recoin, comme cela n'arrive
que trop souvent, ou sont en train de fumer leur
pipe et de raconter des histoires, on abordera incontestablement un autre bâtiment. (1) Une surveillance,

(1) Il arrive assez souvent qu'il n'y a que l'homme qui est au gouvernail qui veille, et encore ! Des navires ont été rencontrés maintes et

active, soutenue, voilà la première de toutes les conditions pour éviter ces accidents épouvantables ; sinon, tout sera complètement inutile ; car, ainsi que me le répétait souvent mon père, vieux loup de mer qui avait battu les océans pendant plus de quarante ans, à l'époque où les bâtiments n'avaient pas de feux, et à qui jamais le moindre accident n'était pourtant arrivé, « tout cela est bel et bon, mais vois-tu, les meilleurs fanaux sont les quinquets. » Et de son doigt, il désignait ses yeux, d'une façon aussi pittoresque qu'imagée. Le brave marin avait raison, et tout le monde sera certainement de son avis.

---

maintes fois, en pleine mer, où il n'y avait absolument personne sur le pont, excepté un chien ou un chat. La barre était attachée et le navire marchait à la merci des flots et du hasard. Et l'on s'étonne ensuite qu'il arrive des accidents !

II

Amici nautœ, sed magis amica veritas.

La deuxième remarque, tout aussi importante que la première et sur laquelle nous ne saurions trop vivement insister, afin de la rendre plus saisissante à l'esprit de nos lecteurs, est la suivante :

Pour éviter les abordages, soit le jour comme la nuit, il ne faut *jamais attendre le dernier moment pour faire une manœuvre.* En d'autres termes, il faut savoir faire une grosse part aux fausses manœuvres du bâtiment aperçu, malgré le droit incontestable que l'on peut avoir de ne pas se déranger ; précaution excellente, indispensable même, qui est constamment méconnue et qui éviterait bien des accidents, si elle était observée. Oui, — les marins ne devraient jamais l'oublier — il est mille fois préférable, à la mer, d'agir avec excès de prudence qu'avec excès de témérité ; car, l'on s'en repent tôt ou tard, — de nombreux exemples ne le prouvent que trop, — et l'on expie bien cruellement, un jour, ces coups d'audace, ces manœuvres soi-disant habiles, auxquelles rien n'oblige, afin d'acquérir la réputation de hardi manœuvrier. On réussira vingt-cinq fois, cinquante fois, très-bien ; puis, à la cinquante-unième, on sera victime de son audace, de ses faux calculs, ou d'un ordre donné trop précipitamment, ou donné, *quelquefois*, au hasard. Que l'on se soit trompé d'un centimètre ou de cent mètres, peu importe, le résultat est le même dans les deux cas. Il est terrible, il est irréparable. Si l'on veut éviter les abordages, il ne faut plus dire aujourd'hui, comme par le passé, et avec ce ton particulier que l'on connaît : « *Ça m'est égal, continuez la même route...* » ou bien « *Nous avons le temps..* » ou bien encore « *Il est plus petit que nous, qu'il change de direction.....* » Avec de pareils raisonnements, on s'entête, on fait de la mauvaise besogne, puis, lorsque à la dernière extrémité, on se voit perdu et que l'on ordonne une manœuvre déjà tardive, la fatalité — sur qui l'on fait ensuite tout retomber — se met de la partie. L'homme qui est à la barre, troublé par le danger qu'il voit ou par toute autre cause, perd la tête, se trompe dans les ordres qu'on lui donne et fait tout le contraire de ce qu'on lui dit. Pour comble de malheur, la drosse du gouvernail se casse, le gouvernail ne fonctionne pas ; bref, le navire n'obéit plus et va se jeter, en plein, sur les rochers ou couler, *en plein midi,* un autre navire qui n'en peut mais, qui se trouve au mouillage, par exemple. Au lieu de tout cela, que l'on prenne longtemps à l'avance toutes ses précautions, parce que, en cas d'accident imprévu, vous donnez tout le temps nécessaire à l'autre navire pour parer le coup et vous éviter, soit en filant la chaîne, ou en larguant une amarre. Au lieu de tout cela, que l'on ne vise plus, comme cela se fait aujourd'hui, à venir passer juste à toucher l'arrière d'un autre navire, afin de montrer à ceux qui vous entourent que l'on a de la précision dans les manœuvres et de la justesse dans le coup d'œil; enfin, que l'on ne craigne plus, désormais, de s'arrêter quelques minutes ou de faire un contour *trop long*, et que l'on n'entende surtout plus dire, lorsqu'un de ces accidents est arrivé : « Voyez ! on ne s'est trompé que de quelques mètres ! encore quelques secondes et l'accident n'arrivait pas ! !... » C'est peu, il est vrai, quelques secondes, mais il y en a plus qu'il n'en faut pour occasionner un grand malheur et c'est justement en quoi consiste la faute. En effet, si au lieu de vouloir passer devant, tout-à-fait sur l'arrière ou très près du bâtiment que l'on a abordé ou qui vous a abordé, si au lieu de vouloir économiser la perte de quelques minutes — la belle affaire qu'un ordre soit exécuté une ou deux minutes plus tôt ou plus tard — si au lieu de tout cela, on avait diminué de vitesse, si on avait stoppé ou serré les voiles, si on était allé manœuvrer à 3 ou 400 mètres plus loin au lieu de couper au plus court et de dire : *Ah ! c'est trop long*, si, enfin, on avait fait une large part à *l'imprévu*, l'abordage n'aurait pas eu lieu.

Enfin, — pourquoi ne pas le dire également — si le nombre des abordages est actuellement si élevé et s'il va toujours en augmentant, il faut un peu l'attribuer, nous ne dirons pas à l'incapacité de beaucoup de marins -- le mot serait exagéré et nous ne le pensons pas, — mais au peu de connaissances *précises* qu'ils ont sur ce chapitre.

Beaucoup, en effet, ne connaissent pas suffisamment les règles à suivre à la mer, ni la ligne de conduite qu'ils doivent tenir dans de pareilles circonstances, et la preuve irréfutable de ce que nous avançons, c'est qu'il est constaté, soit par les rapports officiels, soit par les jugements des tribunaux de commerce, que presque tous les abordages ont lieu, parce qu'on fait très souvent *le contraire de ce que l'on aurait dû faire.*

Ici encore, le mal étant connu, on pourrait y remédier efficacement et voici comment. Si désormais, —et contrairement au passé,— l'on consacrait moins de temps aux plaisirs et à l'oisiveté, si au lieu d'aller plusieurs fois par jour et régulièrement à la même heure *s'embosser* nord et sud, est-ouest devant un café ou une brasserie ; si au lieu de conduire, en public, des Laïs et des Messaline éhontées et de croire que tout est permis à quelques-uns, si au lieu de tout cela, disons-nous, on lisait un peu plus, on fréquentait les bibliothèques, si on travaillait avec ardeur et on étudiait les ouvrages spéciaux écrits par de savants marins, entre autres ceux des amiraux Bouët-Willaumez, Bourgois et comte de Gueydon et des commandants Mouchez et Grivel, afin d'être rompus sur toutes les difficultés du métier et de connaître à fond la tactique navale, si, enfin, on connaissait parfaitement les divers décrets et règlements ayant trait aux règles à suivre à la mer, beaucoup d'abordages seraient évités. Tourner un compliment, avoir du succès dans un salon ou bien savoir conduire un cotillon, ne sont pas choses défendues. Mais, ces *grandes qualités*, plus que secondaires, et que l'on vante, hélas! beaucoup trop à notre époque, no devraient pas absorber la vie d'un homme, et l'empêcher surtout de bien connaître son métier. Duquesne et Tourville, Jean-Bart et Duguay-Trouin, ne connaissaient certainement pas tous ces raffinements et ce sybaritisme de nos jours. Les Anglais, disent, dans leur maxime : *to be or not to be*. Nous dirons, nous : ou tout l'un, ou tout l'autre.

En dévoilant ainsi des travers dont les conséquences sont si funestes, peut-être nous traitera-t-on de moraliste sévère et de critique exagéré dans nos paroles. Le reproche serait peu fondé, répondrons-nous, car tout cela existe, malheureusement, et il faut savoir gré à n'importe qui, de nous montrer nos qualités comme nos défauts, afin de pouvoir corriger ceux-ci et nous rendre meilleurs.

N'a-t-on pas dit avec beaucoup de raison, qu'une maladie connue était à moitié guérie? Eh bien, il en est de même ici ; un défaut réel, est-il signalé?

oin de vouloir le nier, il faut, au contraire, l'avouer, le reconnaître franchement et le combattre par tous ses efforts. Mais, qu'on ne l'oublie pas un seul instant, et nous ne saurions trop le répéter : le seul moyen d'éviter les abordages, c'est de veiller constamment, de jour comme de nuit; c'est de prendre à *l'avance* toutes les précautions nécessaires et s'assurer si ceux qui sont sous vos ordres, remplissent exactement la tâche qui leur est confiée. Voilà le seul et véritable remède ; il n'y en a pas d'autre.

Ceci dit, entrons en matière et donnons quelques explications sur chacune des divisions de notre travail.

CHAPITRE PREMIER

Imperfection et insuffisance du système d'éclairage actuel.

Le système actuel, avons-nous dit, est *imparfait, incomplet* et *insuffisant* quant au nombre des feux, et, soit dit en passant, nous ne partageons nullement sur ce point, l'opinion émise par le Cercle des capitaines au long cours de Marseille, qui, dans un long et minutieux rapport — renfermant d'excellentes et justes observations — adressé à l'Assemblée nationale le 6 mars 1874, ont reconnu que le nombre des feux était suffisant. (1) Il nous sera facile, comme on le verra plus loin, de combattre cet avis et de démontrer le contraire. Mais revenons à la question.

D'abord, le premier inconvénient que nous signalons est que la portée des feux, sur tous les navires marchands, est de beaucoup trop faible. Cela tient à

(1) « Nous avons dit que le nombre et la couleur des feux actuels devaient être maintenus. Par là nous n'avons pas voulu fermer la porte à toutes les modifications et améliorations qui peuvent se produire dans l'avenir, mais seulement n'appliquer que ce que l'expérience aura démontré d'une sûreté et d'une efficacité complètes. »

ce que la confection des fanaux — ce qui devrait
être cependant, dans un but d'intérêt général, —
n'est pas contrôlée, timbrée par l'autorité supérieure
ou par une commission spéciale. (1) Le système

(1) La loi impose aux experts-visiteurs l'obligation de s'assurer et de
constater dans leurs certificats de visite, si les fanaux sont de bonne
construction, s'ils sont assez puissants, en un mot, s'ils remplissent
toutes les conditions exigées par les règlements. Voici la circulaire
ministérielle du 28 janvier 1853, toujours en vigueur, ayant trait à ce
sujet :

                             « Paris, le 28 janvier 1853.

« *Exécution, en ce qui concerne les navires du commerce, du*
« *décret du 17 août 1852, relatif aux feux que doivent porter,*
« *pendant la nuit, les bâtiments à vapeur et à voiles.*

      « Messieurs,

« Un décret du 17 août 1852 a déterminé, en vue de prévenir,
« autant que possible, les abordages des navires entre eux, les feux
« que les bâtiments à vapeur et à voiles de l'État et du commerce
« sont tenus de porter, depuis le coucher du soleil jusqu'à son lever.

« Déjà un certain nombre de navires à vapeur du commerce se sont
« pourvus d'appareils satisfaisant aux conditions fixées par l'article 2
« de ce décret; mais il importe que des prescriptions édictées dans
« ce but d'humanité et d'intérêt général reçoivent partout, sans plus
« de retard, leur stricte exécution, aussi bien en ce qui concerne les
« navires à voiles qu'en ce qui touche les navires à vapeur.

« En conséquence, les experts préposés à la visite des navires du
« commerce, devront, dorénavant, mentionner dans leurs certificats si
« les bâtiments visités sont pourvus de fanaux établis de manière à
« remplir les obligations imposées par le décret du 17 août 1852, et
« l'autorité maritime ne procédera à l'expédition du rôle d'équipage
« qu'autant que les certificats dont il s'agit contiendront à cet égard
« une déclaration affirmative.

« . . . .

« Recevez, etc.

        « *Le Ministre Secrétaire d'État de la marine et des colonies,*
                 « Signé : Th. DUCOS. »

généralement adopté, bien que complètement vicieux, consiste en un fanal ordinaire avec des verres de couleur bombés ou moulés, et des réflecteurs pour la forme, qui, la plupart du temps, huileux, sales et noirs comme du charbon, ont la prétention d'être luisants et de réfléchir les rayons. Aussi, la portée réglementaire des feux est-elle notablement diminuée, (1) et arrive-t-il souvent que l'on voit la masse du navire ou la voilure, avant d'apercevoir les feux. (2) C'est un fait acquis et connu de tous; inutile donc d'y insister.

------

(1) D'après la loi, le feu blanc du mât de misaine des bâtiments à vapeur doit être visible à 5 milles ou 9, 200 mètres. Ce feu paraît toujours de loin. Mais les feux de côté, vert et rouge, qui doivent être visibles à 2 milles ou 3,701 mètres, ne paraissent souvent pas à 1500 ou 1600 mètres au plus.

(2) Sur la plupart des navires marchands, — au cabotage surtout — c'est le mousse qui est chargé du soin des fanaux, de les nettoyer, de les garnir d'huile, etc. C'est là un tort, parce que le mousse n'y apporte pas tous les soins désirables, ne fait la chose qu'à moitié, ne nettoie presque jamais ni le réflecteur, ni le verre, toutes choses réunies, qui empêchent la flamme de briller et en affaiblissent la clarté. On devrait, au contraire, toujours choisir un homme intelligent de l'équipage et le charger spécialement de ce soin.

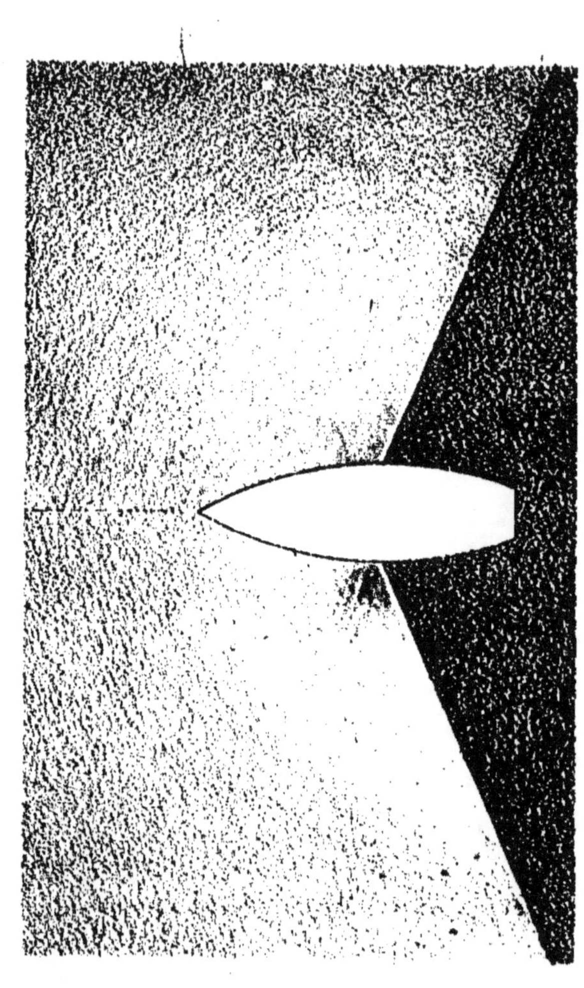

Nécessité d'éclairer les navires par l'arrière

En second lieu — l'inconvénient est ici des plus graves — les feux actuels n'éclairent pas le navire dans tous les sens, c'est-à-dire sur tous ses côtés, et il n'y a que les deux tiers du navire qui le soient — ou plutôt qui devraient l'être — à babord et à tribord. Quant à l'*arrière*, comprenant un secteur de 12 quarts ou 135 degrés, il n'est nullement éclairé. (V. fig. 1.) Pourquoi donc, nous le demandons, ne l'éclairerait-on pas? — Mais répondra-t-on, parce que les abordages n'arrivent jamais dans une telle situation, et ce serait véritablement une chose extraordinaire ou jouer de malheur, qu'un navire à vapeur vînt juste aborder un navire à voiles par l'arrière. — La raison, quant à nous, est loin d'être suffisante, et nous ne pouvons point l'admettre. En effet, de ce qu'il arrivera fort rarement, dit-on, — nous allons même plus loin et nous faisons toutes les concessions possibles — de ce qu'il ne soit *jamais* arrivé qu'un abordage ait eu lieu dans de pareilles conditions, s'ensuit-il que connaissant le mal, le défaut de la cuirasse, on ne doive pas y remédier? Qui pourrait assurer que le fait ne se présentera pas un jour, dans un an, dans cinq ans, dans dix ans, peut-être? Eh bien ! il suffit que cela puisse arriver, pour qu'on doive justement y obvier, et parer, dès aujourd'hui, à l'éventualité. Pourquoi donc, enfin, n'éclairerait-on pas les navires par l'arrière, tout comme les chemins de fer ou les voitures ? Si on le fait sur terre, c'est qu'il y a forcément un motif et un motif grave. Est-ce que les raisons de sécurité et de garantie qui existent pour les uns n'existent pas pour les autres ? Mais beaucoup plus, au contraire, parce que, sur mer, les accidents sont bien plus terribles que sur terre, au point de vue des conséquences. Un exemple frappant, essentiellement favorable à notre système, vient à l'appui de ce que nous avançons, et il n'est pas de marin — nous en avons la conviction — qui dans sa carrière maritime et ses nombreux voyages, n'ait eu à le constater dans maintes circonstances. Dans les parages très-fréquentés, mais très-étroits, comme le détroit de Gibraltar, dans l'Archipel, à l'entrée du Bosphore et dans bien d'autres, il arrive souvent que 40, 60, 80 navires à voiles, retenus par le calme, *restent plusieurs jours* dans cette situation et peu éloignés les uns des autres. (1)

Supposons, ce qui arrive fréquemment sur mer, une nuit, non pas obscure, mais légèrement brumeuse ; un navire à hélice chargé, plongeant beau-

----

(1) On a compté jusqu'à 200 navires de Tarifa jusqu'au morne de Gibraltar, c'est-à-dire dans un espace de 12 à 13 milles environ.

coup dans l'eau — dans ce cas, le bruit de la machine et de l'hélice s'entend très peu — est subitement aperçu, venant par l'arrière, avec une vitesse de 12 à 13 nœuds à l'heure.

Que feront tous ces navires de commerce, qui, surpris par le calme plat, ne pourront bouger d'une ligne ? Ils verront bien le feu blanc, puis les feux de côté du navire à vapeur ; mais ils ne pourront changer leur route, en l'absence du vent. D'ailleurs, le pourraient-ils que l'article 17 du décret du 1er juin 1863, aux termes duquel « *le navire qui en* « *dépasse un autre, doit seul gouverner pour l'éviter,* » le leur défendrait expressément. Quant au vapeur, il ne pourra les voir, parce qu'ils ne sont pas éclairés par l'arrière, et voici quelle sera sa situation. Après avoir changé sa route, pour éviter le premier navire situé devant lui, il s'apercevra bientôt qu'il y en a un autre tout près, puis un troisième et ainsi de suite ; bref, il lui faudra constamment changer la barre de côté et faire une espèce de zig-zag, très-heureux encore s'il n'aborde personne ; tandis que, s'il avait pu voir tous ces bâtiments à une grande distance, il aurait alors diminué de vitesse, jusqu'à ce qu'il eût passé au milieu d'eux.

L'inconvénient que nous venons de signaler est si vrai, qu'un article supplémentaire, visant précisément le cas, a été ajouté, par décision officielle, au code des règles internationales, mais déclaré seulement applicable pour les marines militaires de France et d'Angleterre. C'est l'article 6 du projet de code présenté à la Chambre des Communes, en février 1872, par M. W. Stirling Lacon, homme savant et compétent s'il en fût, projet qui, malgré les excellentes modifications et les améliorations qu'il contenait, n'a pas été admis. L'article 6, le seul adopté et imposé aux navires de guerre de ces deux nations, est ainsi conçu :

« *Article 6. — Tout navire à feux permanents, lorsqu'il verra, étant en marche, les feux d'un autre navire se rapprocher, alors que ses feux à lui ne pourront être aperçus, montrera ou agitera un feu blanc derrière, jusqu'à ce que le navire l'ait dépassé.* »

Pourquoi donc, puisqu'on reconnaît l'efficacité et les avantages réels de cette disposition, ne l'appliquerait-on pas et ne la rendrait-on pas obligatoire aux marines marchandes? Si le moyen est bon — et il l'est assurément — qu'on l'impose à tous les navires indistinctement, à quelque pays qu'ils appartiennent, et l'on évitera ainsi, sinon des abordages, tout au moins de vives alertes et une terreur panique aux hommes de l'équipage. Nous allons même plus loin que l'article 6. Au lieu de montrer et d'agiter un feu blanc pendant quelques instants, jusqu'à ce que le danger soit passé, les navires à voiles et à vapeur devraient *toujours* avoir ce feu

blanc en permanence pour éclairer l'arrière, (1) parce
qu'un navire doit autant que possible manifester
sa présence, aussi bien sur l'avant que sur l'arrière
de sa route. Voici, en effet, ce qui peut arriver,
et il faut tout prévoir, à la mer, plus que partout
ailleurs. Un navire à voiles, dans la situation que nous
avons indiquée plus haut, aperçoit tout-à-coup le
feu blanc d'un navire à vapeur, courant dans ses
eaux et venant droit derrière lui. Il faut aller
chercher le fanal blanc dont parle l'article 6; on ne
le trouve pas immédiatement; (2) il peut ne pas
être en état de servir, ne plus avoir de mèche, plus
d'huile; bref, il peut se présenter une foule de
petits riens, de circonstances imprévues, qui exigent
relativement beaucoup de temps, et suffisent bien
au-delà pour faire perdre complètement la tête à
des hommes déjà troublés par l'idée d'être bientôt
abordés. Pendant ces quelques minutes, le vapeur
a parcouru le trajet — les grands paquebots font
en moyenne 400 mètres par minute — et il sera
bientôt à une distance telle, que malgré les meilleures précautions prises et les manœuvres les plus
habiles, il lui sera impossible d'éviter le choc.

(1) On verra plus loin comment ou pourrait procéder pour ne pas
confondre le feu blanc que nous proposons, indiquant l'arrière des
navires, avec le feu blanc qui existe actuellement, indiquant, au
contraire, l'avant des navires à vapeur.

(2) Les navires du commerce ne brillent pas toujours sous le rapport
de l'ordre, de la propreté, de la célérité dans les mouvements, etc.

En vain, oserait-on soutenir et prétendre que ces cas sont très-rares, *impossibles* même et que, par suite, la mesure est complètement inutile. Erreur des plus grandes! Les exemples d'abordage ayant eu lieu dans de pareilles conditions, c'est-à-dire par l'arrière, sont plus fréquents que l'on ne peut croire, et la liste serait longue s'il fallait tous les énumérer. De *nombreux faits* — nous maintenons le mot — sont à notre connaissance, nous ayant été rapportés par des capitaines au long cours ou des officiers de marine. Mais, pour ne pas fatiguer le lecteur par une longue nomenclature — l'accident se produisant toujours de la même manière et dans les mêmes conditions — et désirant puiser à une source certaine et historique, nous n'en citerons que deux, des plus récents, arrivés en 1872 et en 1873, renfermés dans l'excellent *Recueil de jurisprudence commerciale et maritime de Marseille*, de MM. Girod et Clariond. (1) Un cas surtout, celui de mai 1872, est frappant, remarquable, tant il concorde, en tous points, avec le système que nous avons développé plus haut, et l'on ne s'étonnera plus ensuite, après la lecture des deux jugements que nous allons citer, — afin de faire connaître toutes les phases et les circonstances de ces deux abordages, — que nous

---

(1) On trouve aussi plusieurs cas identiques dans les *Annales du Sauvetage Maritime*.

demandions avec instance l'éclairage des navires par l'arrière et que nous disions sans cesse : *lucenda est puppis.*

PREMIÈRE ESPÈCE

Abordage. — Navire à voiles. — Vapeur. — Même direction. Abordage par l'arrière.

Lorsqu'un navire à voiles est abordé par l'arrière, pendant la nuit, par un vapeur suivant la même route, il n'y a aucun reproche à faire au navire à voiles de n'avoir fait aucune manœuvre pour éviter le choc; toute manœuvre de sa part, dans une pareille position, pouvant offrir autant de dangers que d'avantages.

Si donc aucune autre faute n'est articulée contre lui, l'abordage doit être réputé provenir de la faute du vapeur, qui, mieux placé pour apercevoir l'autre navire, avait encore une facilité plus grande de manœuvre pour prévenir l'accident. (1)

CAPITAINE CINQUINI CONTRE CAPITAINE FOURCADE.

Jugement.

Attendu que le 7 février dernier, vers huit heures du soir, la tartane italienne *Lorenzo* a été

(1) Girod et Clariond, année 1872, page 101, première partie.

4

coulée bas par un abordage du bateau à vapeur le *Raphaël.*

Attendu que, suivant le rapport de mer du capitaine de ce bateau, il était parti de Gênes le 7 février, à 5 heures et demie du soir, pour Marseille; que, vers sept heures, le deuxième capitaine étant de quart aperçut un feu blanc devant lui; qu'il supposa que c'était le *Médéah,* parti de Gênes une demi-heure avant le *Raphaël;* qu'un moment après, le feu disparut; qu'à 7 heures 45, au large du cap de Nolis, il aperçut tout-à-coup une voile sur l'avant du navire, un peu par tribord; qu'il siffla babord pour l'éviter; mais presque aussitôt une secousse eut lieu et la tartane *était abordée par l'arrière du côté babord ;* que le capitaine en premier, retenu dans sa cabine par une indisposition, monta sur le pont et vit le navire abordé par tribord; aucun feu ne se voyait; qu'il fit stopper immédiatement la machine ; qu'il fit ensuite machine en arrière; qu'une embarcation mise à la mer se porta au secours des gens de l'équipage de la tartane; qu'on les recueillit à bord du bateau ; qu'interrogés par le capitaine du *Raphaël,* ils répondirent que leur navire *allait vent arrière; qu'il avait ses feux de position,* que le *Raphaël.* n'avait pu voir, parce qu'il suivait la *même route;* qu'ils ont déclaré, en outre, avoir montré une lanterne sur l'arrière et avoir sonné la cloche que la brise fraîche avait empêché d'entendre; que

Abordage du Lorenzo et du vapeur le Raphaël.

les passagers du *Raphaël* ont déclaré que la tartane n'avait pas de feu.

Attendu que le capitaine du *Lorenzo* a cité le capitaine du *Raphaël* et ses armateurs en dommages-intérêts à raison de la perte de son navire.

Attendu que les capitaines de navires à voiles ne sont astreints par les règlements qu'à placer des feux de position sur leurs bâtiments.

Attendu que, suivant le rapport de mer du capitaine du *Raphaël*, l'existence de ces feux à bord du *Lorenzo* a été affirmée d'une part et niée d'une autre; *qu'il est certain que ces feux ne pouvaient pas être aperçus* du bord du *Raphaël* jusqu'à l'abordage, par la raison déjà indiquée; que l'abordage n'a donc pas eu pour cause leur absence; qu'on ne saurait admettre qu'ils manquaient à bord, ce fait n'étant pas éclairci, et qu'une enquête ne l'éclaircirait pas davantage, le capitaine ayant constaté les résultats incertains d'un interrogatoire fait par lui.

Attendu qu'il a relaté dans son rapport de mer qu'il avait vu un feu blanc quelque temps avant l'abordage; que cette déclaration doit faire présumer qu'il y a toujours eu des feux à bord de la tartane.

Attendu que les voiles de la tartane naviguant vent arrière présentaient une assez grande surface;

qu'un surveillant *attentif* aurait dû les apercevoir du bord du *Raphaël* un peu avant l'abordage, et que depuis le moment où on aurait dû voir la voile, on aurait eu assez de temps pour prévenir l'abordage, par une inclinaison donnée à la direction du bateau, et même par un ralentissement de la machine, les navires allant dans le même sens et le choc ne pouvant résulter que de l'excédant de vitesse de l'un sur l'autre.

Attendu que, d'après ces appréciations, un défaut de surveillance ou une négligence à bord du *Raphaël* a été cause qu'on n'a pas fait assez promptement la manœuvre que les circonstances exigeaient.

Attendu que la tartane n'avait pas, d'ailleurs, de manœuvres à faire ; que la direction qu'elle aurait prise à droite ou à gauche pouvait tout aussi bien amener la rencontre avec le bateau que la prévenir.

Par ces motifs,

Le Tribunal déclare le capitaine du bateau le *Raphaël* et ses armateurs responsables de la perte du *Lorenzo* envers le capitaine Cinquini ; les condamne à lui payer la valeur de ce navire, à dire d'experts, avec intérêts de droit et dépens.

Nomme à cet effet le sieur Maistre expert, pour, serment préalablement prêté devant M. le Président, évaluer la tartane *Lorenzo*, d'après les documents et les indications qui lui seront fournis.

Du 13 mai 1872. — Président, M. Rivoire, chevalier de la Légion d'honneur, — *Plaid*. MM. Negretti, pour le capitaine Cinquint. — Dubernard, pour le capitaine Fourcade.

2me Espèce.

Abordage. — Bateau à vapeur. — Navire à voiles.

Les bateaux à vapeur, pouvant diriger leur marche à volonté, doivent manœuvrer de manière à éviter les navires à voiles ; il en est surtout ainsi quand il s'agit d'un navire naviguant au plus près.

La conséquence de ce principe, en cas de collision entre un vapeur et un navire à voiles, doit être de faire apprécier plus rigoureusement la conduite du capitaine du vapeur, et de le faire débouter de sa demande en indemnité, lors même qu'un certain doute existerait sur les causes de l'abordage. (1)

CAPITAINE COULONNE ET MESSAGERIES CONTRE CAPITAINE NORTON.

Jugement.

Attendu que, le 10 février 1872, le bateau à vapeur le *Tanaïs*, parti de Marseille pour Messine

(1) Girod et Clariond, 1873, page 25, première partie.

à 5 h. 45 après midi, a heurté, le soir à 11 heures, en le *longeant* sur sa droite, un trois-mâts anglais qui faisait route de Valence à Livourne.

Attendu que ce navire courait avec ses amures à babord, sous toute sa voilure, ainsi que l'a constaté dans son rapport de mer le capitaine du *Tanaïs*; qu'avec un vent d'Est ou de Sud-Est, il naviguait au plus près.

Attendu que, d'après le rapport de mer du capitaine du *Tanaïs*, le navire anglais n'avait pas ses feux de couleur qui devaient indiquer son allure; qu'on ne l'a aperçu que lorsqu'on était sur le point de le toucher ; que le capitaine du bateau, fit aussitôt le commandement de stopper et de machine en arrière, et fit mettre toute la barre pour venir sur tribord; mais qu'il était trop tard ; que le *Tanaïs* avait rapidement obéi à l'action de son gouvernail, mais pas assez complètement pour éviter un abordage.

Attendu que le capitaine du *Tanaïs* et la Compagnie des Messageries maritimes, armateurs du bateau, ont cité le capitaine du trois-mâts anglais, en réparation des dommages causés par cet abordage, qui serait arrivé par sa faute.

Attendu que la faute du capitaine du trois-mâts anglais consisterait à n'avoir pas eu les feux de couleur ; que ce capitaine a déclaré dans son rapport de mer qu'il avait des feux resplendissants à

Abordage du Tanaïs avec un trois-mâts anglais.

l'avant ; (1) que, lorsqu'il vit le bateau s'approcher rapidement, on fit mettre à l'arrière un feu blanc qui a été aperçu. (2)

Attendu qu'il y a incertitude sur le point de savoir si le navire anglais avait, en effet, les feux de couleur règlementaires ; que si l'absence de ces feux a été affirmée par un pilote et par un passager, *ils peuvent ne pas avoir été vus à cause de la position respective des deux bâtiments, naviguant dans le même sens.*

Attendu que l'action en justice du capitaine du *Tanaïs* ne devrait être admise que s'il était constant qu'il n'a pas pu éviter l'abordage.

Attendu que, d'après le rapport du capitaine du navire anglais, le temps était beau et clair ; qu'il était nuageux, suivant le rapport du capitaine du *Tanaïs.*

Mais que, même avec un ciel nuageux, — l'atmosphère d'ailleurs n'étant pas brumeuse, — on aurait dû apercevoir du bord du *Tanaïs* la grande voilure du navire, qui était déployée, assez à temps pour faire

(1) Les Anglais et les Américains ont généralement leurs fanaux dans les haubans de misaine, système défectueux et déplorable, comme on le verra plus loin.

(2) Rigoureusement parlant, le capitaine anglais n'était pas obligé de montrer un feu blanc. Comme nous l'avons dit, page 46, il n'y a que les navires de guerre français et anglais qui soient astreints d'en montrer un, lorsqu'ils se trouvent dans un cas pareil.

les manœuvres propres à prévenir l'abordage; que c'était au bateau à vapeur à éviter un navire à voiles, surtout naviguant au plus près; que si, du bord du *Tanaïs*, on a vu trop tard le navire, on peut induire de ce fait que la surveillance ne s'y est pas assez activement exercée;

Par ces motifs,

Le Tribunal déboute le capitaine Coulonne, commandant du *Tanaïs*, et la Compagnie des Messageries maritimes de leur demande contre le capitaine Norton, et les condamne aux dépens.

Du 25 octobre 1872. — Président, M. Rivoire, chevalier de la Légion d'honneur. — *Plaid.* MM. Estrangin pour le capitaine Coulonne et la Compagnie. — Aicard pour le capitaine Norton.

N'est-il pas vrai que si le *Lorenzo* et le trois-mâts anglais avaient eu leur arrière éclairé par un feu blanc, vif et brillant, visible d'assez loin, au lieu d'avoir montré, pendant quelques instants, une simple lanterne, comme le reconnaît le capitaine italien dans son rapport — lumière qui ne devait probablement projeter qu'une faible et pâle clarté — les annales des naufrages n'auraient pas eu ces deux sinistres à enregistrer? Que répondront à cela les adversaires de notre système, ceux qui ne veulent pas admettre la nécessité de ce fanal blanc supplémentaire? On ne nous accusera pas, en vérité, d'avoir choisi des exemples datant de loin, d'une époque où la marine n'était pas encore perfectionnée comme aujourd'hui, au point de vue de la construction navale. Nous avons cité, bien au contraire, des faits survenus dans ces dernières années, pour prouver mathématiquement, d'abord, que ces abordages particuliers sont assez fréquents de nos jours, quoiqu'on en dise, vu la grande extension de la vapeur; ensuite, qu'une nouvelle réorganisation dans l'installation et l'augmentation des feux est chose très-urgente, et enfin, que ce qui n'était pas nécessaire il y a vingt-cinq ans l'est aujourd'hui.

Outre ces deux exemples qui ne doivent laisser aucun doute dans l'esprit de personne, citons aussi l'opinion d'un homme très compétent, M. Prompt, lieutenant de vaisseau, qui a fait certainement en France, le meilleur travail sur les abordages. Voici ce que nous lisons, page 42, dans sa *tactique des abordages en mer, et moyens de les prévenir* :

« On a contesté qu'il fût nécessaire d'éclairer les
« navires à vapeur dans le sens de l'arrière ; mais
« nous croyons que si la chose est possible, elle
« ne peut manquer d'offrir plusieurs avantages.
« D'abord, constatons tout de suite qu'il est à peu
« près *indispensable* d'éclairer les bâtiments à voiles
« *dans tous les sens*, puisque ceux-ci sont abordés
« presque *aussi fréquemment de l'arrière* comme de
« l'avant par les navires à vapeur. »

Nous n'ajouterons rien à ces paroles. L'opinion d'un homme du métier comme M. Prompt, et de sa valeur, fait suffisamment autorité et démontre qu'éclairer les navires par l'arrière, n'est pas seulement chose nécessaire, mais *indispensable* même.

L'opinion de cet auteur, ajoutée aux deux exemples précédents, c'est-à-dire la théorie confirmée par la pratique, suffisant au-delà, nous croyons avoir démontré l'existence de ce premier inconvénient, par suite, l'utilité incontestable qu'il y aurait à éclairer l'arrière des navires, et, comme le fameux censeur de l'antiquité, nous ne cesserons de répéter : *lucenda est puppis*, l'arrière doit être éclairé.

En définitive, notre système peut se résumer en deux mots, à l'aide de la comparaison suivante. Dans un étroit sentier et par une nuit obscure, deux individus marchent l'un derrière l'autre, à la distance de cent mètres. Le premier, malade, presque paralysé de ses membres, marche difficilement. Le second, jeune, vigoureux, mais sourd, marche au contraire, assez rapidement. N'est-il pas vrai que, dans ces conditions, et malgré les cris du pauvre infirme, le sourd n'entendra ni ne verra rien devant lui et viendra, à un moment donné, le heurter, le renverser, et lui marcher dessus? Tandis que si le paralytique avait pu indiquer sa présence par une lanterne ou un feu quelconque placé derrière son dos, le sourd aurait pu le voir et l'éviter. Il en est de même ici ; à la place du paralytique, mettons un navire à voiles, à la place du sourd, prenons un navire à vapeur et le raisonnement sera tout à fait identique et concluant.

Telle est notre première observation ; puisse-t-elle nous valoir quelques partisans et quelques bienveillantes approbations.

CHAPITRE II

Position défectueuse des fanaux

La deuxième cause d'abordage résulte de la position généralement *fausse* ou *défectueuse* des fanaux sur les navires marchands, à quelque nation qu'ils appartiennent, inconvénient beaucoup plus grave qu'on ne peut le croire et qui, malheureusement, n'est jamais constaté dans les procès déférés aux tribunaux, non-seulement par les juges — la plupart du temps ce sont des négociants et non des marins — mais encore par les experts eux-mêmes. Que de fois, en effet, dans ces questions d'abordage, les juges dépourvus de renseignements certains, et se trouvant en présence de dépositions contradictoires, de témoignages douteux ou intéressés, ont jugé et condamné en dernier ressort l'un des deux capitaines, en lui faisant l'application de l'article 407, § 2 du code de commerce, (1) sous prétexte qu'ayant

---

(1) Article 407, § 2 du Code de commerce : Si l'abordage a été fait par la faute de l'un des deux capitaines, le dommage est payé par celui qui l'a causé.

§ 3. — S'il y a doute dans les causes de l'abordage, le dommage est réparé à frais communs, et par égale portion, par les navires qui l'ont fait et souffert. Dans ces deux derniers cas, l'estimation du dommage est faite par experts.

commis une faute, la responsabilité devait tomber toute entière sur lui, alors que, si on avait eu le soin, les experts principalement — ce n'est que pour cela qu'on les choisit cependant — d'observer, avec exactitude, de quelle manière avait eu lieu la rencontre, de relever la position des feux et surtout le genre de voilure qu'avaient les deux navires ou l'un d'eux seulement, au moment de la collision, l'abordage aurait été considéré comme *douteux*, et conséquemment, régi par le paragraphe 3 de l'article 407 du Code de commerce.

Fortement étonné dans les affaires d'abordage, du fait suivant, qui se reproduisait invariablement dans tous les procès, à savoir que : les capitaines des deux navires s'accusaient réciproquement, dans leurs rapports de mer, de ce que les feux « n'avaient pas été éclairés ou qu'ils ne l'avaient été qu'au dernier moment, » 2° ou encore de ce fait inexplicable, que les feux vus d'abord à une certaine distance « *avaient été ensuite invisibles*, » en un mot, que tantôt ils paraissaient et tantôt ils disparaissaient ; étonné, disons-nous, de ces deux contradictions, nous nous sommes tout particulièrement occupé de ce point aussi bizarre que curieux, et assez difficile à être admis en principe. Eh bien ! nous devons l'avouer, les deux capitaines disaient vrai, et constataient malheureusement à leurs dépens les vices de notre système d'éclairage, c'est-à-dire la position défectueuse des fanaux. C'était, en vérité, payer un peu chèrement la conséquence d'un fait ou d'un système vicieux, complètement indépendant de leur volonté et de leurs connaissances nautiques. Après un long et mûr examen de la question et les plus minutieuses recherches, voici l'explication que nous donnons, explication qui est véritable, fondée, et nullement subtile, comme on pourrait le croire.

La loi n'obligeant ni ne précisant d'une manière formelle l'endroit, c'est-à-dire le point exact, le point rigoureusement déterminé où l'on devrait mettre les feux de côté, les capitaines peuvent les placer où bon leur semble, et, pourvu qu'ils aient un feu vert à tribord, un feu rouge à babord — qu'ils soient au milieu, sur l'avant, sur l'arrière, ou aux deux tiers de la longueur du navire, peu importe, — ils sont dans les termes stricts de la loi, ils obéissent au règlement et on ne peut rien leur dire; car, tel capitaine veut les avoir sur l'avant, tel autre trouvera plus convenable de les avoir au milieu ou sur l'arrière; bref, c'est une affaire de goût, ni plus ni moins et d'économie quelquefois. Or, cette faculté laissée aux capitaines de mettre les feux où ils veulent, est *justement* la cause initiale, le point de départ du système défectueux, et par suite, une *cause principale* et *certaine* des collisions de nuit. Qu'arrive-t-il, en effet, dans la pratique? C'est que sur cent navi-

es de commerce, trente à peine ont leurs fanaux
uspendus à des arcs boutants ou tringles en fer,
épassant quelque peu les côtés du navire, trente
s ont *dans les haubans* du grand mât, si c'est
h brick, dans les haubans d'artimon si c'est un
ois-mâts, dans les haubans de misaine, si c'est
ne goëlette et de *beaucoup au-dessus* du plat bord,
1 mèt. 50 ou 2 mètres environ, système déplora-
le s'il en fut.

Enfin, chose plus grave encore, les autres qua-
nte ont leurs feux « tout à fait à l'arrière, sur le
lat bord même du navire, » sans être suspendus à
es tringles en fer ou à quoi que ce soit. (1)

A première vue, on ne remarque pas quelle peut
re la conséquence regrettable de ces diverses
ositions des feux de côté? c'est que, dans toutes
s situations, — dans la dernière surtout, — les
ux n'éclairent le navire que sur les côtés
seulement » et « *nullement* » sur l'avant; en
autres termes, les feux, au lieu d'éclairer le navire
ans un secteur de dix quarts sur chaque côté,
omme le veut la loi, ne l'éclairent que dans un

(1) Ajoutons aussi, pour être complet et impartial, que la position
fectueuse des fanaux ne dépend pas toujours du capitaine du navire,
ais bien du *capitaine d'armement*, qui, sous prétexte de grandes
onomies et des intérêts de la maison qu'il représente, ordonne
placer les feux dans les haubans, pour éviter la dépense dérisoire
tringles en fer!!!

rayonnement de six quarts à six quarts et demi et le laissent dans une obscurité de trois quarts à trois quarts et demi de chaque côté depuis l'avant, ce qui fait en tout sept quarts, parce que les rayons lumineux se trouvent interceptés. Mais comment et par quoi, dira-t-on ? En voici la raison : Les feux se trouvant tout-à-fait sur l'arrière, à un endroit *beaucoup plus étroit* que la plus grande largeur du navire, la lumière est interceptée, masquée en partie par « l'ensemble des cordages, » tels que les haubans, galhaubans, caliornes, qui, étant un véritable obstacle, forment pour ainsi dire un écran coupant le faisceau lumineux en deux parties, et l'empêchent d'être aperçu de l'horizon ou de l'avant du navire.

Ainsi, un navire venant dans la direction de A ou de B ne verra aucun feu devant lui ; et, plus les feux seront rapprochés de la ligne du centre du navire ou de la quille, plus la lumière sera diminuée d'une grande quantité, plus le danger sera grand et plus il y aura chance de s'aborder.

Pour remédier à cet obstacle et à ce vice capital, que faudrait-il faire ?

Avant de répondre à cette question, il est nécessaire de donner préalablement connaissance d'une circulaire ministérielle, qui, comme beaucoup d'autres, n'a jamais été beaucoup exécutée et d'examiner également le fait suivant :

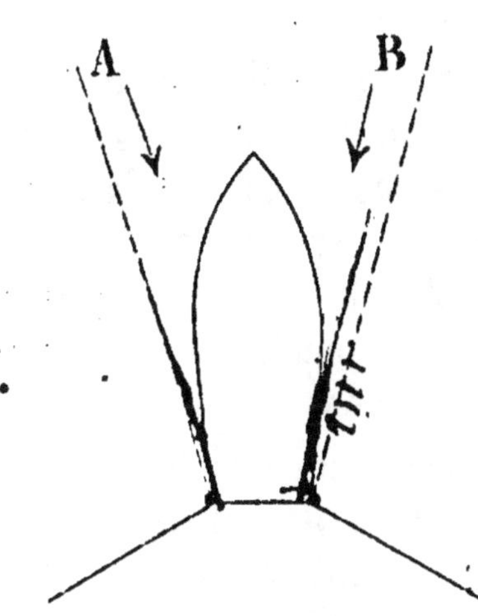

Fig. 6

Navire, dont les feux situés tout-à-fait sur l'arrière, sont masqués en partie par les Cordages et ne peuvent être aperçus de l'avant.

A partir de quel tonnage, les bâtiments sont-ils obligés d'avoir les feux réglementaires?

C'est là un point facile à savoir — puisqu'il n'y a qu'à consulter la loi — mais qui paraît généralement ignoré des marins, et qui fait qu'aujourd'hui encore, un grand nombre de navires, tels que gros bateaux, tartanes, allèges, chasse-marées, cutters, bricks-goëlettes et autres, armés au cabotage, n'ont pas de feux, ni à poste fixe, ni portatifs, sous prétexte qu'ils sont de trop faibles dimensions. Et cependant, les uns traversent la Méditerranée, allant de Toulon et de Marseille en Afrique; les autres vont à Cette, à Agde, à Port-Vendres et jusque sur les côtes d'Espagne; aussi arrive-t-il assez souvent que ces petits navires sont abordés et coulés par les vapeurs qui sillonnent la Méditerranée.

La loi, toujours sage et bienveillante dans ses dispositions, n'ayant pas voulu — et à juste raison — imposer de trop grands sacrifices aux bateaux à voiles d'un faible tonnage, a dispensé les bâtiments d'une certaine catégorie d'avoir les feux verts et rouges réglementaires, mais à condition cependant, de prendre certaines précautions.

La teneur de la circulaire ministérielle que nous donnons ci-après, suivie d'un décret en date du même jour, indique clairement quelles sont les dispositions et les exceptions prévues par le législateur.

Paris, le 18 avril 1860.

Éclairage des bateaux de pêche. — Détermination de l'appareil mobile dont ils doivent être munis.

« L'exécution des prescriptions de l'article 7 du
« décret du 28 mai 1858, concernant l'éclairage
« des petits navires à voiles, pendant la nuit et par
« temps de brume, ayant soulevé des difficultés dans
« la pratique, j'ai été conduit à examiner s'il n'y
« aurait pas lieu de substituer aux feux constamment
« allumés dont l'article précité ordonnait l'emploi, un
« système moins dispendieux et offrant néanmoins

Le vent largue.

Vent arrière.

« des chances suffisantes de sécurité contre les
« abordages.

« Les bateaux de pêche pouvant, en effet, par suite
« de leurs faibles dimensions, se tirer, en général,
« avec facilité, de la route d'un autre bâtiment, il
« semble convenable de ne pas les astreindre à entre-
« tenir des feux permanents, et de se contenter
« d'exiger d'eux une lumière vive et brillante, qu'ils
« puissent allumer et exhiber au moment du
« danger.

« C'est ce système qui est adopté par le décret
« impérial ci-annexé, en date du 18 courant, lequel
« modifie les dispositions de l'article 7 du décret
« du 28 mai 1838, et définit clairement quels sont
« les navires autorisés à ne pas porter de feux
« permanents.

« Ce même décret dispose que la nature de
« l'appareil mobile, dont les petits navires à voiles
« devront être munis à l'avenir, sera déterminée par
« le ministre de la marine.

« En conséquence, j'ai l'honneur de vous infor-
« mer que j'ai décidé que les bateaux dont il s'agit
« devraient être munis de l'appareil connu sous le
« nom de *lambique*. Cet appareil, très-simple, usité
« chez les pêcheurs français et anglais de la Manche,
« consiste en un vase de fer blanc contenant de la
« térébenthine, dans laquelle plonge un tampon que
« l'on sort au moment du besoin et qui s'allume

« très-aisément ; cette lumière jette un vif éclat et
« a l'avantage d'augmenter d'intensité lorsqu'il
« tombe de la pluie.

« Je vous recommande de veiller à ce que cet
« appareil soit employé à bord de tous les petits
« bâtiments mentionnés dans le décret ci-annexé,

« Recevez, etc.

L'amiral, Ministre secrétaire d'Etat de la marine,
Signé : HAMELIN.

DÉCRET DU 18 AVRIL 1860.

ART. 1er. — Les dispositions de l'article 7 du
décret du 28 mai 1858 ne sont pas applicables aux
bateaux à voiles employés au bornage, à la pêche
côtière, à la pêche du hareng et du maquereau
(*avec salaison à bord*) et aux caboteurs de moins de
cinquante tonneaux.

ART. 2. — Au lieu et place des feux permanents
qui leur sont imposés par l'article précité, chacun
de ces petits bâtiments devra être pourvu d'un appareil portatif, propre à développer instantanément
une vive lumière et dont la nature sera déterminée
par le ministre de la marine.

. . . .

Ceci dit, que faudrait-il pour parer à l'inconvénient signalé plus haut, qui consiste à avoir les feux masqués par les cordages? Fort peu de chose : obliger les capitaines de tous les navires, au-dessus de 80 tonneaux (1), à avoir leurs feux *au même point* — à 1 mètre de l'arrière par exemple — et dans une situation telle, que la distance des feux fût non-seulement égale à la plus grande largeur du navire ou maître-bau, mais dépassât même, de 20 à 25 centimètres de chaque côté du navire, cette largeur maximum. (2) Les feux seraient fixés à des tringles en fer recourbées, s'élevant bien au-dessus du navire (3) et que l'on pourrait, pendant le jour, enlever ou rentrer en dedans du navire, comme les pistolets et porte-manteaux des embarcations, afin de ne pas gêner, le mouvement des manœuvres, des bras ou autres cordages.—Ce système obligatoire des tringles en fer, serait mille fois préférable et moins périlleux surtout, que celui que l'on voit fréquemment de nos jours, consistant à mettre les fanaux à l'extrémité des porte-manteaux des embarcations.

(1) Au lieu de 50 tonneaux, comme le veut le décret ci-dessus, du 18 avril 1860.

(2) Au moment de mettre sous presse nous apprenons que les autorités de Liverpool et d'autres villes d'Angleterre, sont très-sévères pour ce qui concerne l'emplacement des fanaux. Voilà un bon exemple à imiter.

(3) On verra plus loin, quelle conséquence on peut en tirer, les feux étant ainsi disposés.

Une pareille disposition devrait être rigoureusement défendue par nos lois, car elle présente de grands dangers. On nous a cité plusieurs cas où des hommes — par un gros temps — ont été enlevés ou jetés à la mer, pendant qu'ils étaient occupés à installer les fanaux à leur poste, (1) et tous les efforts tentés pour les sauver sont restés infructueux! Terrible conséquence, il faut bien l'avouer, d'une déplorable habitude et d'une fâcheuse économie.

Avec ces dispositions règlementaires à bord de tous les navires marchands, l'inconvénient précédemment signalé disparaîtrait; la lumière serait visible de l'avant, et l'on aurait fait disparaître une des causes — déjà si nombreuses — des abordages.

Cas où les feux sont masqués par les voiles

Aux adversaires de cet argument, nous opposerons l'inconvénient suivant, qui est péremptoire et indiscutable, celui occasionné par la *misaine* et les *bonnettes basses*. (2)

(1) Sur les navires marchands, on enlève les fanaux le jour et on ne les met en place que le soir. Sur les navires de guerre, au contraire, ils sont toujours en position nuit et jour.

(2) La grand'voile masque aussi les feux en partie. Mais l'inconvénient n'est pas aussi grand que pour la misaine et les bonnettes basses.

En effet, lorsqu'un navire court vent arrière ou vent largue, muni de ses bonnettes, les feux sont toujours forcément masqués, soit par la misaine, si les feux sont placés dans les haubans de misaine, et de beaucoup au-dessus du plat-bord du navire ; (1) soit par les bonnettes basses, qui, comme on le sait, descendent très-bas du navire et touchent fréquemment l'eau (voir les figures 7 et 8). Avec ce genre de voilure, que l'on peut garder longtemps, (2) il devient impossible à un navire, arrivant en sens contraire ou par plusieurs quarts sur le travers avant, d'apercevoir les feux ainsi cachés par ce rideau de toile, et on aura beau établir le mieux possible les bonnettes, l'inconvénient existera tout de même.

En jetant les yeux sur la figure 9, il est facile de se rendre compte de ce que nous avançons. L'inconvénient est surtout très grave lorsque les feux sont placés dans les haubans de misaine. Ainsi dans ce cas, on a le secteur AB qui est dans l'obscurité, c'est-à-dire près de *onze* à *douze* quarts! Or, il faut avouer que si sur un arc de vingt quarts que doit

(1) Les bricks anglais, surtout, portent leurs feux dans les haubans de misaine.

(2) Dans certains voyages, lorsqu'on est favorisé par les *brises constantes*, telles que vents alizés, grandes brises d'ouest, moussons, etc., on garde les bonnettes, 10, 12, 15 jours et nuits consécutivement.

être éclairé tout navire, — dix de chaque côté — il y en a onze ou douze qui sont dans l'obscurité, et où le navire ne paraît pas, il faut avouer, disons-nous, que le système employé est assez mauvais, et qu'il n'y a rien d'étonnant que les abordages soient fréquents.

Lorsque les feux sont situés sur l'arrière ou dans les haubans d'artimon, l'arc CD, c'est-à-dire la partie qui n'est pas éclairée, est un peu moins grande, mais assez importante, cependant, pour exiger une modification, dans l'emplacement réglementaire des feux de position.

La preuve de ce que nous avançons, la voici : c'est que les abordages arrivent — on peut le dire sans exagérer, — 90 fois sur 100, lorsqu'il fait *beau temps jolie brise, belle mer*, c'est-à-dire, dans une situation qui permet de mettre le plus de voiles possible, tandis que lorsqu'il fait un gros temps, que la mer est mauvaise, situation qui oblige, au contraire, à diminuer de toile et à prendre des ris, l'inconvénient d'avoir les feux masqués n'existe plus ; aussi les abordages sont-ils excessivement rares dans ce cas. (1)

---

(1) Sauf pourtant le cas où un navire est à la cape. Le feu s'éteint assez fréquemment du côté d'où vient la mer, et le navire n'étant pas éclairé, peut être alors abordé par tous les bâtiments qui, fuyant devant le temps, marchent perpendiculairement à lui. Mais il convient de dire que si le navire n'est pas éclairé de ce côté, ce n'est pas, parce

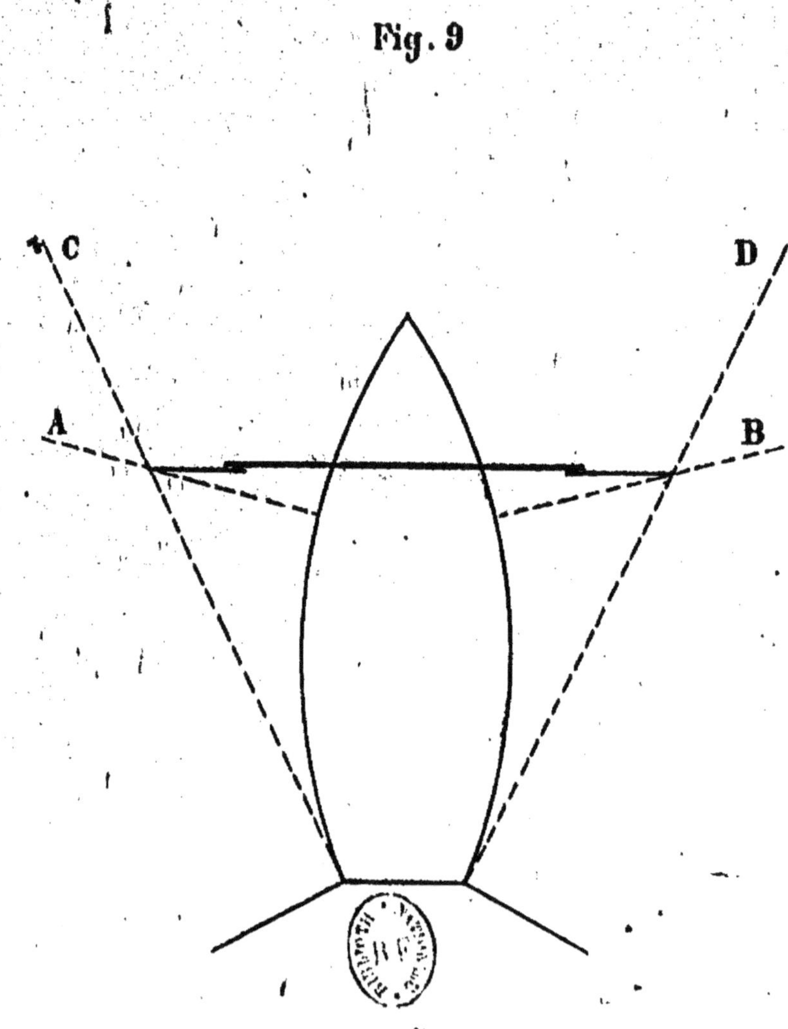

Fig. 9
C
D
A
B

Ici encore pour appuyer notre thèse, les exemples ne manquent pas, et dans le nombre, nous en citerons un très-important, de fraîche date pareillement, qui n'aurait pas dû pourtant présenter les vices et les inconvénients signalés sur les navires marchands, car il a trait à deux navires de guerre. Voici, en effet, ce qu'on lit dans les *Annales de sauvetage maritime*, avril 1870, page 137 :

« Perte de la canonnière des Etats-Unis *Onéida*, à la suite d'un abordage avec le paquebot anglais le *Bombay*.

« ..... Les deux bâtiments venaient *à peu près directement l'un sur l'autre*, et ils ont mis tous les deux la barre à babord; cela résulte des rapports du capitaine Eyre, d'une part, et de l'autre, de l'officier de l'*Onéida*, échappé au naufrage. Il est évident que le *Bombay* se trouvait un peu à tribord de l'*Onéida*, puisque l'un et l'autre, étant venus sur tribord, se sont rencontrés.

« Si l'éclairage des navires était disposé de manière à indiquer exactement la route suivie par des bâtiments qui se rencontrent et leur éloignement, ce sinistre n'aurait pas eu lieu, car les deux bâtiments

que le feu est mal placé ou se trouve masqué, c'est par ce que le feu s'éteint, par suite des mouvements saccadés du navire et du courant d'air qui règne dans les fanaux. Ce qui prouve une fois de plus l'imperfection et la mauvaise construction du système actuel.

auraient reconnu de suite qu'ils devaient venir sur babord pour s'éviter. Le capitaine Eyre, commandant le *Bombay*, signale pourtant dans son rapport un fait, que les positions et les manœuvres des navires ne *permettent pas d'expliquer* : *c'est qu'il ait cessé d'apercevoir le feu vert de l'Onéida*; il faut supposer que ce feu ce sera trouvé *masqué momentanément* par une cause indépendante de l'évolution elle-même. »

La version du capitaine anglais Eyre est parfaitement admissible, en sachant que les deux navires venaient *directement* l'un sur l'autre, et de plus — c'est la théorie que nous soutenons, — que la canonnière américaine l'*Onéida* venait *vent arrière et sous voiles*. Indubitablement, le feu vert de l'*Onéida* a été masqué, soit par la misaine, soit par les cordages, soit — ce qui arrive encore pour les navires anglais et américains, — parce qu'il a été caché par une embarcation située sur l'arrière du navire et devant les feux de position.

La conséquence de ce qui précède est donc, — c'est le fait que nous voulions prouver, — que le nombre des feux actuels est *insuffisant*, contrairement à l'opinion du Cercle des capitaines au long cours de Marseille, soit parce qu'ils n'éclairent pas l'arrière des navires, soit parce qu'ils sont masqués la plupart du temps et ne peuvent être vus de l'avant.

Ne pourrait-on pas remédier à cet état de choses ?
— La solution suivante nous paraîtrait aussi simple
que bonne et praticable. « Défendre, désormais, aux
navires de guerre et aux navires marchands de mettre les bonnettes *basses* pendant la nuit. » (1)

Cette mesure qui, tout d'abord, pourrait sembler
trop arbitraire et atteindre gravement la liberté de
commandement des capitaines ou commandants, tout
en retardant la marche du navire et la célérité dans
le transport des passagers, des dépêches et des marchandises, serait, au contraire, un véritable service
qu'on leur rendrait.

En effet, quand met-on les bonnettes ? On les met
quand il fait beau temps et que la brise est faible.
Dans ce cas, le navire qui marchait peu auparavant,
faisant deux nœuds à l'heure, par exemple, marche-
t-il beaucoup plus, après l'augmentation des bonnettes basses ? Évidemment non, un ou deux dixiè-
mes de nœud de plus, peut-être. Admettons, au
contraire, le cas d'une bonne brise ; le navire, toutes voiles dessus, file ses dix nœuds. Quelle serait
sa vitesse, si on ajoutait les bonnettes ? Un quart ou
un demi-nœud, tout au plus. Car, ainsi qu'on le
sait, la vitesse d'un navire arrivée à son maximum,
ne croît plus, quel que soit le nombre de voiles que

____

(1) Sur la plupart des navires de guerre, on enlève les bonnettes
pendant la nuit, par mesure de précaution et de sécurité.

l'on y ajoute. Comme on le voit, l'avantage de les avoir est petit, et la différence de marche, dans les deux cas, avec ou sans bonnettes, est peu sensible. Où serait donc le grand dommage ou les pertes qu'éprouverait un armateur, si son navire restait en mer, 35 jours au lieu de 34, 98 jours au lieu de 96? Ne vaut-il pas mieux qu'il ait perdu un jour ou deux, par suite de la suppression des bonnettes, que si, en les conservant, il avait été, à un moment donné, abordé et coulé par un autre navire. — En les maintenant, au contraire, l'inconvénient peut être grand.

Que la brise augmente tout-à-coup et devienne assez forte, on aura beaucoup de peine à les rentrer, surtout sur les navires marchands où l'équipage est peu nombreux et à plus forte raison, pendant la nuit. La patte d'oie qui se trouve à l'extrémité de la vergue plonge dans l'eau, peut s'engager : le bout dehors, — par suite d'une *saute* de vent, — peut casser; bref, c'est un véritable travail. Que l'on mette dans la balance le pour et le contre, et l'on verra que l'on pourrait très bien prononcer la suppression des bonnettes, la nuit, sans trop froisser l'amour-propre ou le point d'honneur de nos officiers de l'État et des capitaines de la marine marchande.

Une objection pourrait nous être faite cependant, et notre impartialité nous oblige à la prévenir. La voici. A quoi bon défendre d'avoir les bonnettes basses la nuit, et pourquoi les supprimer complètement? Il suffirait simplement de peser sur la cargue des bonnettes ou *lève-nez* et les feux ne seraient pas masqués.

A cette objection, il est facile de répondre : oui, cela est vrai, mais alors les bonnettes, étant réduites considérablement, serviraient si peu, si peu, que ne pas les avoir est tout comme. Ce système ou cette faculté laissée aux capitaines aurait, au contraire, un grand défaut ; c'est que les *lève-nez* ne seraient jamais assez soulevés ; et, en cas d'abordage comment savoir si les *lève-nez* étaient ou n'étaient pas assez pesés ? Ce qui est suffisant pour l'un, ne le sera pas pour un autre, et de là, naîtraient forcément des contestations. Donc, en présence du peu d'avantages qu'il y aurait à porter les bonnettes, ainsi installées, il vaut mieux couper court à toutes difficultés et en défendre complètement l'usage : car, une loi étant édictée sur ce point, c'est-à-dire, l'emploi en étant tout-à-fait défendu, il n'y aurait plus qu'un fait matériel à vérifier, à faire constater : le navire avait-il, oui ou non, ses bonnettes au moment de l'abordage ? (1)

____

(1) Dans le cas ou l'on ne jugerait pas convenable de défendre aux capitaines de porter les bonnettes basses, la nuit, on devrait les obliger alors à porter des bonnettes triangulaires établies depuis quelques années, et préférables, de beaucoup, aux bonnettes carrées ; en effet, on peut toujours garder les bonnettes triangulaires même jusqu'au plus près, tandis que les autres ne peuvent servir que du vent arrière au grand largue. Beaucoup de navires marchands emploient les bonnettes triangulaires. Sur les navires de l'Etat, le système n'est pas adopté.

CHAPITRE III

Difficulté de connaître sûrement, la nuit, quelle est la direction d'un navire. — Cause de cette impossibilité.

Nous arrivons maintenant au troisième point : difficulté de connaître sûrement, la nuit, et la distance à laquelle se trouve un navire et la route qu'il suit. Cette question, difficile et délicate, il ne faut pas se le dissimuler, soulève un problème, dont la science poursuit encore la solution.

Cet inconvénient, très sérieux dans la pratique, présente de grandes difficultés provenant de la construction même des fanaux, mais que l'on pourrait diminuer d'une façon considérable, croyons-nous, en diminuant sensiblement l'angle du secteur, c'est-à-dire l'angle du rayonnement. En effet, pourquoi est-il impossible, lorsqu'on aperçoit un navire, la nuit, de connaître exactement quelle est sa direction, afin de prendre immédiatement les précautions nécessaires pour éviter un abordage ? — C'est à cause de l'incertitude de la route dans laquelle on se trouve et qui existe dans un secteur de dix quarts, ou en d'autres termes, le navire aperçu se trouvant éclairé par un secteur de 112o 30' ou dix quarts, le feu est toujours visible dans tout cet espace ; et, quelle que soit sa position, que le navire s'approche, s'éloigne ou soit dans une direction parallèle, le feu paraît toujours : ce qui ne devrait pas être cependant, puisqu'il indique des positions fort opposées les unes aux autres. En jetant les yeux sur la figure il sera facile de s'en convaincre. Il en est de même du feu blanc du mât de misaine ; présentant une même amplitude, de chaque côté du navire, que les feux de couleur, le vice est identique.

A cet état de choses, ne pourrait-on pas apporter une amélioration quelconque, une solution favorable?

Dans une matière aussi délicate que celle qui nous occupe, intéressant au plus haut degré l'humanité, c'est-à-dire la vie et la fortune des gens, il ne faut pas craindre de présenter des changements et des modifications à ce qui existe actuellement. Il faut, au contraire, se lancer hardiment dans la voie des innovations et faire en sorte que le mieux remplace le bien.

Bien des gens, beaucoup de marins même, intelligents et fort capables, reconnaissent à l'unanimité que le système actuel est mauvais, défectueux, insuffisant. Mais, sous prétexte qu'en introduisant des nouveautés et des perfectionnements, fussent-ils bons et réels, cela opérerait une révolution et un bouleversement dans la connaissance des choses acquises, des choses depuis longtemps mises en pratique, ils ne veulent rien changer ni rien adopter. En d'autres termes, et pour nous résumer, on suit en aveugles, en plein XIXme siècle, l'exécrable routine du passé, et l'on refuse systématiquement de se conformer aux idées neuves et en rapport avec l'époque, qui constituent cependant, un véritable progrès.

Les faits eux-mêmes protestent avec énergie contre ces préjugés vulgaires, en venant hautement prouver le contraire. Il ne faut pas oublier, en effet, que l'éclairage des navires ne remonte pas à très loin , à une quarantaine d'années environ , en 1836, époque où le gouvernement français établit les paquebots-poste pour le ministère des finances, sans que la question des feux fût, toutefois, devenue une mesure générale et réglementaire.

Ce n'est que depuis le 14 octobre 1848, par décret du commandant Verninac, (1) alors ministre de la marine, que les navires à vapeur de la marine marchande furent obligés à porter des fanaux règlementaires, et que, quelques années après, par décret du 17 août 1852, les navires à voiles, qui jusques

(1) Raymond-Jean-Baptiste de Verninac de Saint-Maur, capitaine de vaisseau, puis contre-amiral, fut ministre de la marine du 17 juillet 1848 au 20 décembre 1848. Il avait été d'abord sous-secrétaire d'Etat du 6 juin au 17 juillet.

alors n'étaient pas éclairés, furent également obligés à l'être. (1)

Il est à remarquer même que le règlement publié par le commandant Verninac, est, à peu de chose près, et sauf quelques légères modifications, celui qui régit actuellement notre marine.

Les débuts, cela se conçoit, ne furent pas couronnés d'un plein succès. On commença par se servir de fanaux mal conditionnés, d'une faible portée d'abord et munis d'une corne plus ou moins transparente, au lieu d'un verre lenticulaire comme aujourd'hui ; puis, de transformations en transformations, on obtint de meilleurs résultats, et c'est à l'aide de patientes études, de recherches continues et de différents modèles successivement perfectionnés, que l'on est arrivé au système actuel, encore incomplet, laissant beaucoup à désirer, mais qui n'en est pas moins un progrès immense relativement au début de l'institution. (2)

____

(1) Ce décret du 17 août 1852 fut aboli par le décret du 28 mai 1858, applicable le 1er octobre 1858.

(2) Les deux décrets qui régissent aujourd'hui la matière, au point de vue théorique ou des règles à suivre à la mer, lorsque deux bâtiments se rencontrent, sont le décret du 25 octobre 1862 — applicable au 1er juin 1863, modifié en partie par le décret du 20 mai 1869.

Adopté, dès le début, par la France et l'Angleterre seulement, le décret du 25 octobre 1862 devint bientôt international et fut admis avec faveur par trente-quatre puissances maritimes ; c'était, en effet, un premier pas que l'on venait de faire, et l'on savait, désormais, à

'Si donc, l'on est généralement d'accord, aussi bien en France qu'à l'étranger, en Angleterre principalement, sur un nouveau pas à faire ; si donc, l'on reconnaît par la démonstration la plus évidente de faits matériels irréfutables, que le système actuel, soit au point de vue de la construction, de la portée, de l'étendue du rayonnement, de la position et du nombre des feux, laisse encore beaucoup à désirer, pourquoi n'apporterait-on pas immédiatement de nouvelles dispositions, des changements et des perfectionnements nouveaux ? Faux prétexte que de croire les marins capables d'admettre difficilement les nouvelles idées et de rejeter ce qui est utile et bon. Plus que tous les autres, ils y sont intéressés et ils adoptent toujours avec reconnaissance et empressement une idée neuve, une invention quelconque venant

quoi s'en tenir suivant les circonstances. Mais, au bout de quelque temps, des critiques très vives s'élevèrent de tous côtés et battirent en brèche cette convention internationale.

Certains articles du décret paraissaient obscurs, ambigus et pouvaient donner lieu à des interprétations tout-à-fait différentes, par suite amener des fausses manœuvres et des collisions. En présence de toutes ces réclamations et de plusieurs brochures, émanant de marins fort compétents, qui parurent en France et en Angleterre surtout, le gouvernement anglais s'occupa enfin de la question et modifia certains articles (10, 11, 13). Ces changements furent acceptés en France et consacrés par le décret du 26 mai 1869, qui modifia ainsi celui du 25 octobre 1862. Ajoutons que le système actuel est encore vivement combattu, et que beaucoup de marins demandent avec instance sa révision sur plusieurs points, qui donnent lieu à la controverse et à la discussion.

alléger leurs souffrances ou garantir davantage leurs jours et leurs biens. Et la meilleure des preuves, la voici. N'ont-ils pas adopté le système du double hunier qui permet de diminuer de voiles, dans un temps moins long qu'auparavant et sans trop fatiguer les hommes ? N'ont-ils pas également adopté, depuis ces dernières années, le système des faux-focs, la bouée de sauvetage Silas et bien d'autres inventions encore ? (1)

Bien des systèmes et des projets divers ont été présentés, tous plus compliqués les uns que les autres, et ont été soumis à l'examen de commissions spéciales. Mais en matière d'abordage, plus que partout ailleurs, la pratique et la théorie sont deux choses bien différentes. Ce qui paraît facile et vrai sur le papier ou dans le silence du cabinet, le devient beaucoup moins à la mer, la nuit surtout. Aussi, après de longues études et des expériences repétées, a-t-il fallu renoncer à toutes ces combinaisons de

(1) La bouée Silas, du nom de l'inventeur, est éclairée au phosphure de calcium. Le phosphure de calcium, en tombant dans l'eau, forme de la chaux et dégage de l'hydrogène phosphoré qui brûle au contact de l'air. Ce système présente un grand avantage, c'est que plus la brise est forte, plus la lumière brûle avec intensité.

Cela tient à ce que le vent, chassant rapidement les bulles, au fur et à mesure qu'elles se présentent à l'extrémité du tube qui se trouve au milieu de la bouée, active l'évacuation du gaz et produit une lumière vive et permanente.

feux et à tous ces projets d'éclairage, la plupart fort ingénieux, mais tout-à-fait impraticables. Nous venons aujourd'hui, à notre tour, comme nos devanciers, présenter une idée, consistant dans un nouveau projet de modification que nous livrons volontiers à la discussion et à la critique des hommes compétents.

Mais avant d'indiquer le moyen proposé, nous croyons opportun de donner ici la description d'un nouveau système de fanal et d'en démontrer les avantages incontestables.

Nous avons vu plus haut, pages 44 et suivantes, le danger qu'il y avait à ne pas éclairer l'arrière des navires et la nécessité de remédier le plus tôt possible à ce grave inconvénient.

Le problème qui se présentait était celui-ci : éclairer l'arrière des navires sans augmenter le nombre des fanaux déjà en usage, c'est-à-dire réunir l'utilité et l'économie, qualités essentielles pour assurer le succès de l'innovation.

Après plusieurs recherches et plusieurs essais, nous avons adopté le système suivant, très-simple et très-économique à notre avis, qui consiste à mettre sur la partie *postérieure* du fanal un verre *blanc*, de telle sorte que les verres de couleur indiqueraient l'*avant* et le verre blanc indiquerait l'*arrière*.

De plus, une mèche ronde remplacerait l'ancienne mèche carrée et donnerait ainsi une lumière beau-

coup plus puissante et beaucoup plus brillante. De cette façon, les navires auraient leur arrière éclairé.

Une deuxième modification que nous avons apportée et qui est aussi très-essentielle, est celle-ci :

Les fanaux se terminent, ordinairement, par une espèce de cheminée ou de chapeau quelconque qui ne tient au fanal que par trois agrafes seulement, laissant tout autour un intervalle de près d'un centimètre. Cette ouverture est ménagée pour laisser circuler l'air nécessaire à la combustion et laisser sortir la fumée que produit la mèche. Mais voici ce qui se présente. Cet intervalle circulaire étant trop large, il en résulte que, lorsqu'il fait beaucoup de vent, le vent s'engouffre en quantité et éteint la mèche. Aussi, est-on obligé, aussi bien sur les navires marchands que sur les navires de guerre, — lorsque la brise est forte — d'entourer le fanal avec un morceau de toile, et encore a-t-on beaucoup de peine pour parvenir à l'allumer. L'inconvénient est grand, comme on le voit, parce que dès que le fanal est éteint, il faut l'enlever de place, aller l'allumer dans un endroit où l'on soit à l'abri du vent; bref, c'est une perte de temps considérable, pendant laquelle le navire n'est pas éclairé.

Pour parer à ce vice, nous avons adopté la modification suivante. La cheminée, qui était jadis de forme ronde, est dans notre système de forme carrée,

(à la rigueur, elle pourrait être ronde) et fait corps
avec le fanal lui-même ; en d'autres termes, il n'y
a plus cet espace libre, de la largeur d'un centimètre, comme auparavant. Ensuite, comme il faut
laisser un passage à l'air, soit pour le renouveler,
soit pour activer la combustion, qui pourrait à un
certain moment faire éclater les verres, il y a sur
chacune des quatre faces, deux petits trous qui peuvent rester ouverts ou être fermés à l'aide d'une
glissoire. Avec cette disposition, on peut augmenter
ou diminuer à volonté, le passage que l'on veut
donner à l'air. Le vent est-il faible, on pourra ouvrir
cinq ou six de ces trous ? Fait-il un vent assez fort,
on n'en ouvrira que deux ou trois seulement ?

Tel est le système que nous proposons.

Mais, pourra-t-on nous objecter, comment savoir,
lorsqu'on apercevra un feu blanc, en mer, si c'est
l'avant ou l'arrière d'un navire, si c'est un navire
à vapeur qui approche ou si c'est un voilier qui
s'éloigne ? Si une confusion est possible, ce nouveau
modèle de fanal, loin de diminuer les chances
d'abordage, ne fera que les accroître.

Point du tout ; l'erreur ne sera pas possible, parce
que dans *n'importe quelle position où l'on se trouvera*,
on apercevra *toujours*, non pas un, mais les
deux feux blancs de l'arrière. Ainsi, que l'on se
trouve au point A, aux points B, C, D, on verra

Fig. 12

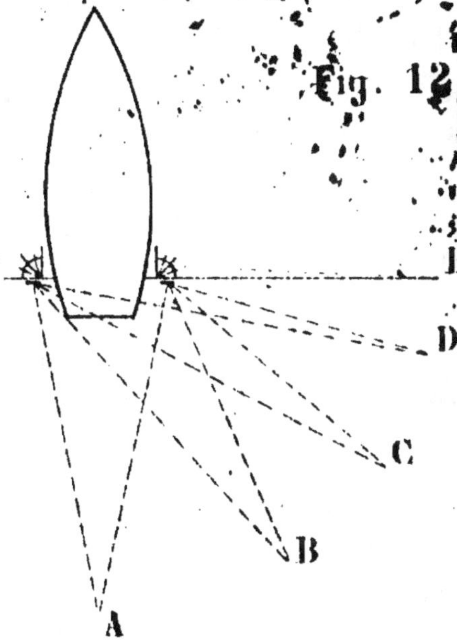

toujours les deux feux blancs de l'arrière, (1) et l'on saura d'une manière certaine que c'est un navire qui montre l'arrière, qui par conséquent, s'éloigne. Arrivé au point E, on ne verra plus de feu

(1) Il ne faut pas oublier — c'est excessivement important —que les 2 feux, se trouvant situés en dehors et au-dessus du plat-bord, par le moyen des tringles en fer obligatoires, ainsi que nous l'avons demandé à la page 00, seront visibles dans toutes les positions que nous venons d'indiquer et ne pourront être masqués ni par le couronnement; ni par la brigantine.

blanc, c'est vrai, mais on apercevra le feu vert et l'on retombera dans la règle ordinaire. Donc, pas de confusion possible.

Admettons, toutefois, que ce raisonnement, vrai en théorie, ne le soit pas dans la pratique; que sauf le cas du point A, où l'on est juste dans l'axe du premier navire, il ne sera possible d'apercevoir qu'un seul feu blanc, et que par suite, il pourra se faire que l'on commette cette grave erreur, de prendre l'arrière d'un navire à voiles pour l'avant d'un navire à vapeur, comment faire alors?

Il suffirait d'obliger les navires à vapeur à porter, au lieu d'un seul feu blanc au mât de misaine comme aujourd'hui, deux feux : un feu blanc et un feu rouge, placés l'un au-dessous de l'autre à 1 mètre ou 1 mètre 50 de distance. Dès lors, pas d'erreur possible; verrait-on un feu rouge et un feu blanc, on saurait que c'est un navire à vapeur qui approche; verrait-on un feu blanc seulement ou deux feux blancs, on serait certain que l'on a devant soi l'arrière d'un navire.

Pour appliquer ce système, *pas d'augmentation de fanaux*, pas de surcroît de dépenses pour les navires à voiles, ce qui est un point capital et doit être pris en grande considération.

Quant aux navires à vapeur, il n'y aurait qu'un fanal de plus à alimenter.

Alors, on ne pourrait plus confondre le feu blanc d'un navire à vapeur en *marche* avec le feu blanc d'un navire au *mouillage*, confusion qui a amené la grande catastrophe de la *Louisiane* et de la *Gironde*, le 21 décembre 1875, à 8 heures du soir, dans la rivière de Bordeaux. Dans cet abordage, la *Gironde*, des Messageries maritimes, arrivait d'Amérique et la *Louisiane* quittait la France. Le pilote de la *Gironde* aperçut, longtemps avant la collision, le feu blanc de la *Louisiane* ; mais la nuit était très-obscure, il crut que c'était un navire au mouillage et n'y porta pas autrement attention. (1) Quelques instants après, un choc épouvantable avait lieu. La *Louisiane*, superbe steamer de la Compagnie transatlantique, sombrait ; il y eut seize noyés, au nombre desquels le capitaine du navire. La *Gironde*, de son côté, éprouva de graves avaries sur l'avant, et fut obligée de rentrer au port. La leçon a été coûteuse et terrible ; il est à désirer qu'elle nous soit profitable à l'avenir et qu'en présence de pareils désastres, des précautions soient désormais prises, pour les prévenir une fois pour toutes. (2)

(1) Dans un article inséré en février 1873, dans la *Sentinelle du Midi*, de Toulon, nous parlions de cette confusion qui pouvait se produire. L'abordage de la *Louisiane* et de la *Gironde* est venu nous donner malheureusement raison.

(2) Voir à la fin, l'arrêt de la Cour de Bordeaux (chambre correctionnelle) rendu le 10 juin dernier, au sujet de la responsabilité du pilote dans cette affaire.

A ce sujet, et toujours à propos de cet abordage, qu'il nous soit permis de formuler une observation capitale. Dans tous les ports de mer où il y a beaucoup de navires, tels que Marseille, Bordeaux, le Havre, il devrait être défendu aux navires à vapeur de sortir la nuit. Ce serait le moyen le plus simple d'éviter de pareils accidents. En effet, pourquoi ne pas appareiller le lendemain matin au jour, ou dans l'après-midi, au lieu de se mettre en route à 8 heures ou à 10 heures du soir, par mauvais temps et au milieu d'une obscurité profonde? C'est vouloir courir au devant du danger. Ce sont là des usages et des règlements que nous n'avons jamais pu comprendre et que l'on maintient quand même, malgré les tristes leçons que l'on en reçoit de temps en temps!

Les feux devraient être placés à un mètre de l'arrière, point qui serait *obligatoire* pour tous les bâtiments, soit de guerre, soit de commerce. De plus, ils n'auraient que 90 degrés d'amplitude horizontale à partir de l'avant, au lieu de 112°, c'est-à-dire qu'ils n'éclaireraient que 8 quarts au lieu de 10, comme aujourd'hui. On obtiendrait ainsi un sensible résultat, parce que le champ de l'incertitude étant diminué, il serait plus facile de connaître la direction du navire aperçu ; par suite, la manœuvre devenant plus précise et plus sûre, on agirait sur des données certaines et non avec hésitation ou par tâtonnements. Comme l'indique la figure 10 (voir

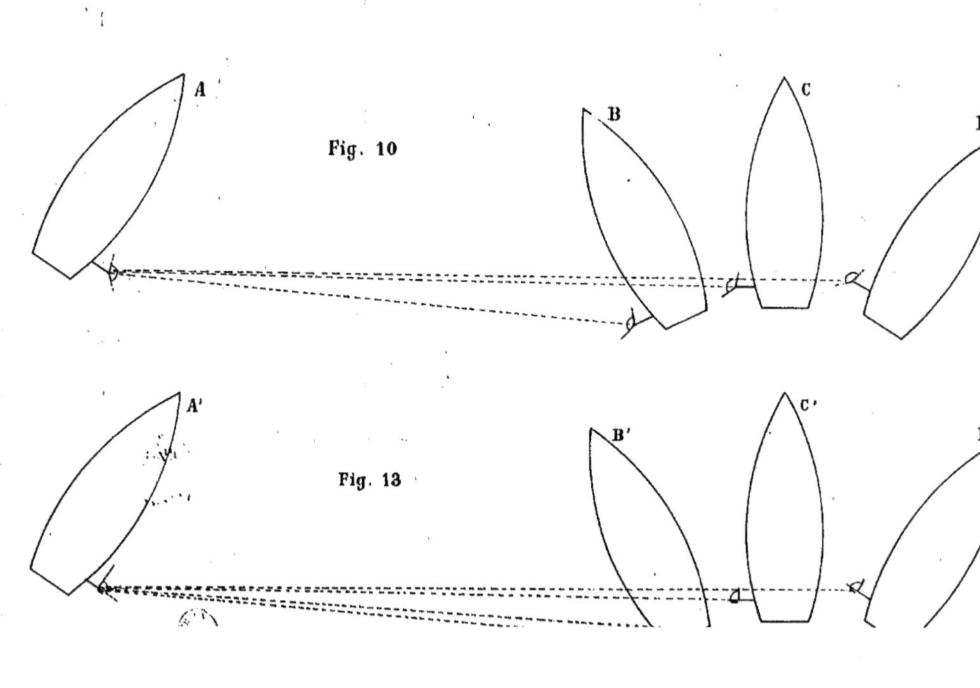
A
B
C
D
Fig. 10
A'
B'
C'
D
Fig. 13

cette fig.), le navire A voit un feu rouge. Par suite de l'angle de rayonnement de 112 degrés, — système d'aujourd'hui — ce feu peut se trouver dans les positions B, C, D, trois positions fort différentes les unes des autres. Comment savoir, dès lors, si le feu rouge s'éloigne ou s'approche ? Pendant quelques instants, il sera tout-à-fait impossible de le connaître, et cependant, ce sont les moments les plus précieux que l'on perd. Tout le monde sait, en effet, que dans un pareil moment, il faut envisager du premier coup d'œil la situation, prendre une décision sûre et manœuvrer franchement. La moindre hésitation, l'incertitude la plus légère dans la manœuvre à faire, peuvent amener la collision. Si, au contraire, les feux n'avaient que 8 quarts ou 90 degrés de rayonnement, comme nous le proposons, au lieu de trois chances d'indécision et d'incertitude, il n'y en aurait plus que deux, parce que le feu rouge D'ne serait plus visible (voir la figure 13). Ce serait le feu blanc de babord arrière qui paraîtrait, ou les deux feux blancs de l'arrière, et l'on aurait la certitude que le navire s'éloigne ou qu'il fait une route parallèle, en un mot qu'on n'a rien à craindre de lui.

Enfin, les deux feux rouge et blanc, placés en tête du mât de misaine des navires à vapeur, n'auraient qu'une amplitude de huit quarts seulement, c'est-à-dire n'éclaireraient que quatre quarts de chaque côté du navire. (1) Il s'en suit que lorsqu'on apercevrait ces deux feux, on saurait que la route du navire relevé fait un angle maximum de quatre quarts ou de 45 degrés et l'on ne serait pas dans un champ d'incertitude de dix quarts, comme aujourd'hui. Ce serait donc, une diminution de six quarts de chaque côté, sur l'ancien système.

Telle est la modification utile et praticable que l'on pourrait introduire désormais, et n'apporterait-on que ces changements, 1° éclairer l'arrière des navires, 2° diminuer l'angle de rayonnement des feux, et 3° déterminer un point précis pour l'emplacement des fanaux, que ce serait, croyons-nous, préférable au système actuel; les navires seraient éclairés dans toutes les positions, dans tous les sens, sur l'avant, sur l'arrière, sur les côtés, et de plus, ils n'auraient jamais leurs feux masqués.

---

(1) Dans le cas où l'on ne voudrait pas réduire l'angle de rayonnement des deux feux que nous proposons sur l'avant, attendu que ces deux feux devraient être vus de côté pour savoir que l'on a devant soi un navire à vapeur, on pourrait encore adopter la combinaison suivante : Le feu blanc aurait 16 quarts d'amplitude horizontale ou 8 quarts de chaque côté comme les feux de position, et le feu rouge n'aurait que 8 quarts en tout ou 4 quarts de chaque côté de la quille. On arriverait aussi, de cette manière, à connaître plus approximativement qu'aujourd'hui la route d'un navire à vapeur.

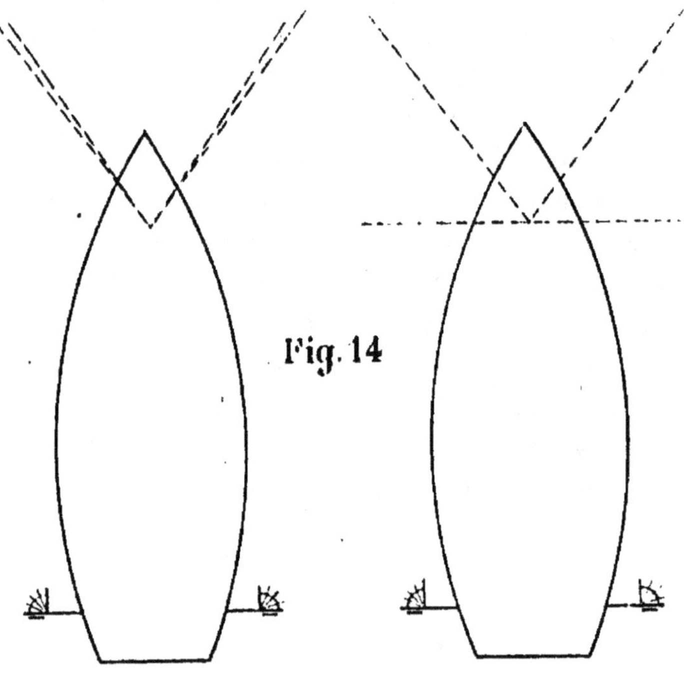

1er SYSTÊME.

Les deux feux du mât de misaine n'éclairant chacun que 8 quarts.

2me SYSTÊME.

Un des deux feux éclairant 16 quarts et l'autre 8 quarts seulement.

De la multiplicité des feux.

Augmenter le nombre des feux à bord des navires,
est-ce une bonne ou une mauvaise chose?

Avant de passer à la quatrième division de notre
étude, nous devons examiner une objection que l'on
ne manquera pas de faire, objection qui résulte de
l'application même de notre système. C'est au sujet
de la théorie si controversée, à savoir : multiplier
le nombre des feux, est-ce une bonne ou une mauvaise chose ? Est-ce utile, ou est-ce plutôt nuisible?

Beaucoup de marins prétendent que ce serait une
fort mauvaise chose, si l'on augmentait le nombre
des feux ; que l'on ne saurait plus où donner de la
tête et que cela amènerait forcément une grande
confusion pouvant avoir des conséquences regrettables.

Sont-ils dans le vrai?.

Nous ne le pensons pas et nous croyons que c'est
là une erreur, qui, comme bien d'autres, s'est per-
pétuée jusqu'à nos jours, sans que l'on puisse
savoir ni pourquoi, ni comment. Il y a des choses,
en effet, que tout le monde dit, que l'on répète sans
cesse, parce qu'elles ont été dites une fois, et celle-là
est du nombre. Le fait que nous relevons et que

nous constatons ici n'est pas d'ailleurs nouveau, et l'un des plus grands écrivains de l'antiquité l'a déjà mentionné, en des termes pleins de vérité : « Les hommes, dit-il, reçoivent indifféremment les uns des autres, sans examen, ce qu'ils entendent dire sur les évènements passés, même sur ceux de leur propre pays... tant, dans leur indolence à rechercher la vérité, ils *aiment à adopter sans examen tout ce qui se présente à eux.* » — Ainsi s'exprime Thucydide, et quoique son observation remonte à plus de deux mille ans, elle n'a point perdu de sa justesse.

Nous prétendons, nous, qu'on est bien plus dans la vérité en disant : *plus il y aura de feux, mieux cela vaudra.*

Les abordages, comme nous l'avons démontré, arrivent la nuit, précisément parce que les feux ne paraissant pas, l'on se trouve tout à coup l'un en face de l'autre, sans avoir le temps de faire quoi que ce soit. N'est-il pas vrai que si on n'a pas pu voir les feux, c'est parce qu'ils sont en nombre insuffisant, et que, par conséquent, plus il y en aura désormais, plus il y aura des chances de mieux apercevoir les navires ? N'est-il pas vrai, enfin, que si au lieu d'un seul feu, d'un petit point lumineux, invisible à une faible distance, chaque navire avait deux feux, en avait quatre, dix, cinquante, cent, un nombre à l'infini de chaque côté — mais toujours en respectant

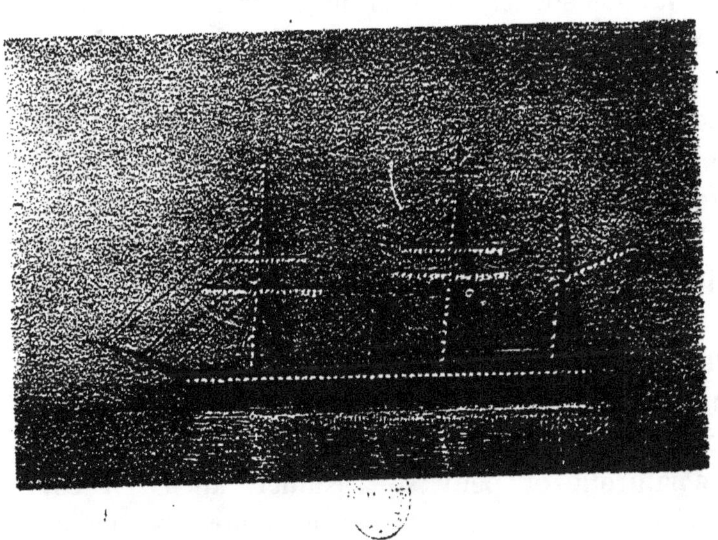

le principe des couleurs, — si chaque navire, disons-
nous, avait sur le long de la lisse une longue ccin-
ture de feux, on les verrait de fort loin et l'on aurait
alors le temps de prendre des précautions pour
s'éviter, ou rendre la collision moins terrible en cas
de force majeure ou de fausse manœuvre de la part
de l'un d'eux? Pour mieux nous expliquer, prenons
un exemple bien connu de nos lecteurs, le cas des
illuminations sur les navires de guerre. N'est-il pas
vrai qu'une frégate ou un vaisseau de guerre éclairé
par un seul feu, ne pourrait être que difficilement
signalé à une certaine distance, à 3 milles par
exemple? et que si, au contraire, on l'entourait sur
toute sa longueur, ainsi que le long des mâts et
sur les cordages, de plusieurs rangées de lanternes
vénitiennes ou de lampions rouges et verts, il
serait non-seulement très visible à cette même
distance, mais de beaucoup plus loin encore et
qu'il le serait dans tous les sens? Si tout ce qui
précède est vrai, la conclusion est toute simple,
toute naturelle et peut se résumer ainsi : il est
bien plus préférable qu'un navire montre beaucoup
de feux que s'il en montre peu ou pas du tout, (1)
parce que au moins, un feu venant à paraître — rouge,
vert ou blanc, peu importe, — on serait prévenu que

____

(1) Nous avons démontré, page 51, que le nombre des feux actuels
est insuffisant, puisqu'ils n'éclairent pas le navire dans tous les
sens et que de plus, ils sont souvent masqués par les voiles.

l'on a près de soi un navire; par suite, on se tiendrait sur ses gardes, on prendrait des précautions, et l'on ne serait pas pris à l'improviste, comme dans la plupart des abordages de nos jours, qui arrivent — qu'on nous permette l'expression — comme une bombe ou comme un véritable coup de foudre.

Il est parfaitement vrai que l'augmentation des feux peut avoir un inconvénient lorsqu'on entre dans un port, rade ou rivière très-fréquentés ou que l'on en sort, et que les passes sont étroites. Une confusion peut avoir lieu, surtout lorsque le temps est obscur et qu'il y a beaucoup de bâtiments. Ainsi, à Bordeaux, par exemple, dans la rivière, il y a réellement du danger à se mettre en route la nuit. En effet, au point de vue du remorquage seulement, voici ce qui se pratique : le navire remorqué a *deux* feux; un remorqueur de chaque côté, chacun *quatre* feux et un autre navire par derrière, *deux* feux, total : *douze* feux presque réunis. Il est certain qu'au milieu de tous ces feux qui brillent, qui scintillent non loin l'un de l'autre, on ne sait pas tout d'abord si les navires marchent ou s'ils sont stationnaires. Mais ceci n'est que l'exception, et l'exception ne fait pas règle.

A la mer, il n'en est pas de même. On a l'immensité devant soi. On ne rencontre souvent, dans la nuit, que quelques navires. Or, nous avons démontré précédemment que les feux qu'ils portent ne paraissent pas toujours, et *qu'ils ne pouvaient pas* paraître pour une raison ou pour une autre; donc, que l'on en augmente le nombre. N'arrive-t-il pas tous les jours, qu'une chose ne puisse être appliquée à un cas particulier pour telle ou telle raison, et que cette même chose soit très utile dans une foule d'autres cas ?

Parmi les termes de comparaison que nous pourrions invoquer pour prouver la justesse de notre théorie, citons-en un des plus connus. En principe, l'abus de l'alcool ou des liqueurs fortes est chose nuisible à la santé. C'est un fait acquis et démontré par la science et l'expérience. Mais si cela est vrai pour les gens qui habitent les pays chauds ou tempérés, n'est-il pas vrai aussi qu'on est obligé d'user largement de ces liqueurs dans les pays froids, tels que la Russie, l'Angleterre, la Laponie et autres régions, afin que le corps, constamment excité, rechauffé, puisse mieux supporter et neutraliser, pour ainsi dire, la température ambiante? Ne voyons-nous pas les Esquimaux boire l'huile de poisson absolument comme nous buvons l'eau et le vin, afin de maintenir leurs corps dans une douce chaleur et se préserver ainsi des rigueurs excessives du froid? Eh bien! le raisonnement est le même ici. Dans beaucoup de cas, les abordages surviennent parce qu'on n'avait pas vu les feux. Dans certains cas même, ils ne *peuvent* pas être vus malgré la meilleure surveillance. Donc le nombre est insuffisant et

par suite, il y a nécessité d'en augmenter le nombre.
Pouvant être discutée au point de vue d'un cas tout
particulier, cette mesure, c'est-à-dire cette augmentation de feux, produirait d'excellents résultats et
serait d'une incontestable utilité pour les navires
en pleine mer. Or, ce dernier cas est la règle générale, et le premier est l'exception. Donc, il n'y a
pas à hésiter.

CHAPITRE IV

Confusion ou fausse interprétation de la couleur des feux.

Nous arrivons à la quatrième division de notre travail.

Aux trois sortes d'inconvénients signalés plus haut, il faut en ajouter une quatrième et dire que si les abordages sont fréquents, une grande partie est due assurément à la confusion ou à la fausse interprétation que les marins font des couleurs. Règlementairement, les deux feux de côté, *rouge* et *vert*, doivent être vus à une distance d'au moins deux milles ou 3,704 mètres, par une nuit sombre et une atmosphère non brumeuse. Or, il est démontré par la pratique — tous les marins sont d'accord sur ce point — qu'à la distance de 16 ou 1,800 mètres seulement, par un temps ordinaire et une atmosphère *non brumeuse*, il est impossible de distinguer parfaitement et de dire quelle est la couleur du feu que l'on voit, s'il est blanc ou vert, en un mot si le navire que l'on aperçoit vient sur tribord, ou si c'est un navire à vapeur. Les deux couleurs, le blanc et le vert, par suite d'un phénomène que nous expliquerons plus loin, se confondent en une seule, le blanc. De plus, il arrive fréquemment que les marins prennent, pour un feu, une étoile qui monte insensiblement au-dessus de l'horizon, et réciproquement. On comprend tout de suite quelle conséquence fâcheuse et terrible peut en résulter.

En effet, voici le fait qui se passe toutes les nuits à bord de chaque navire, soit de guerre, soit du commerce. On signale un feu tribord avant. — L'officier demande aussitôt, quelle couleur ? *On ne peut distinguer*, répond invariablement l'homme qui est au bossoir. Un moment après, le même matelot signale un feu vert, croyant qu'il est réellement vert. On fait alors les manœuvres règlementaires ordonnées par le Code international, suivant la direction du vent et la position respective des deux bâtiments. Mais au bout de quelques instants, on reconnaît que l'on a commis une erreur. Le feu que l'on croyait vert, lorsqu'il était à une grande distance, est réellement blanc. Ce n'est donc plus un bâtiment à voiles que l'on a en face, mais un bâtiment à vapeur. Une fois fixé sur le genre de bâtiment, tout devrait se passer pour le mieux, car le navire à vapeur, obligé, dans tous les cas de se déranger, pourrait manœuvrer pour éviter toute rencontre. Mais il n'en est pas ainsi. Dans ces moments critiques, il n'est pas donné à tout le monde de garder son sang-froid et d'agir avec sûreté. Au lieu d'agir franchement, on change, de nouveau,

d'amures, on fait,des manœuvres opposées aux premières et l'on comprend facilement que suivant la
violence du vent, l'état de la mer et mille autres circonstances, tous ces changements de voilure, tous
ces virements de bord soient longs à exécuter.

L'autre navire, qui de son côté et par suite des
différentes manœuvres du premier bâtiment, voit
tantôt un feu, tantôt un autre, tantôt le feu rouge et
tantôt le feu vert, se trouve également dans la plus
grande indécision ; il hésite, il calcule, et ne sachant
plus quoi faire pour éviter l'abordage, il change, lui
aussi, de direction. Bref, les deux navires, faisant
chacun de son côté des lignes croisées, seront au
bout de quelques minutes, dans une situation telle
qu'il sera impossible d'éviter l'abordage, lequel ne se
serait pas produit si, dès le début, le navire à voiles, sachant qu'il avait affaire à un navire à vapeur,
avait continué sa route et n'avait pas embrouillé la
manœuvre de celui-ci.

Pour y remédier, les navires marchands devraient
avoir pour l'homme de veille et l'officier de quart,
deux jumelles marines. Ces instruments, employés
dans la marine de l'Etat, sont d'une grande puissance, et tel objet que l'on distingue mal ou que
l'on n'aperçoit même pas à l'œil nu, est tout de
suite vu, à l'aide d'une jumelle marine.

**Le Daltonisme ou la fausse appréciation des couleurs.
— Opinions de M. le docteur A. Favre, en France,
et de M. Georges Wilson, en Angleterre.**

A quoi faut-il attribuer cette confusion ou cette fausse appréciation des couleurs ?

Il serait difficile, croyons-nous, de pouvoir en donner toutes les véritables raisons. C'est la vapeur d'eau, dit-on, c'est la brume existant toujours sur la mer en plus ou moins grande quantité, qui empêche la lumière de briller d'un vif éclat rouge ou vert, et qui de plus, la décomposant, fait paraître les feux blancs en rouge et les feux verts, blancs. — Quelques autres l'attribuent au peu de fixité des feux qui paraissent et disparaissent constamment, par suite des mouvements du navire et de la mer.

A ces diverses raisons, nous croyons devoir en ajouter une autre qui n'a pas encore été indiquée, que nous sachions, et donner quelques détails intéressants sur cette nouvelle cause de collisions sur mer, appelée à prendre une grande importance et à attirer l'attention du monde maritime, lorsqu'elle sera plus connue et mieux approfondie. Nous la donnons avec d'autant plus de plaisir, qu'elle a été

étudiée à fond, pendant ces vingt dernières années
par un médecin français, (1) et que depuis quelques
années on s'en occupe activement en Angleterre, en
Belgique et en Allemagne. Nous voulons parler du
daltonisme ou de la fausse appréciation des couleurs. Cette théorie, une fois exposée, libre ensuite
au lecteur d'en tirer les conclusions qu'il jugera
convenables et d'en prendre, comme l'on dit vulgai-
rement, tout ce qu'il voudra. Mais, les observations
faites en France et en Angleterre sont si importantes,
qu'elles sont de nature à faire réfléchir sérieusement
sur l'existence — contestée par quelques-uns — de
cette nouvelle cause de collisions. Quant à nous,
notre conviction est faite et nous pensons qu'il faut
attribuer au daltonisme un certain nombre d'abordages.

Qu'est-ce que le daltonisme ?

Peut-il et doit-il être considéré comme une cause
d'abordage ?

Lors du congrès de l'Association française pour
l'avancement des sciences, qui eut lieu à Lyon en

(1) La plus grande partie des renseignements que nous donnons sur
le daltonisme et sur son influence sur la navigation, nous viennent de
M. le docteur A. Favre, de Lyon, qui a bien voulu nous communiquer ses travaux et ses diverses brochures sur cette maladie. Qu'il
veuille bien en accepter ici nos remerciments sincères.

Lire aussi l'intéressante brochure sur le *daltonisme*, parue récemment, par le docteur Féris, médecin de première classe de la marine.

1873, M. le docteur A. Favre, médecin de la Compagnie du chemin de fer Paris-Lyon-Méditerranée, lut un mémoire très intéressant, qu'il a complété depuis par des *recherches cliniques sur le traitement du daltonisme,* travail présenté à la section des sciences médicales du congrès de Lille en 1874, et par une autre brochure de la *dyschromatopsie traumatique,* parue en 1875

. Cette infirmité, qui consiste à voir dans les objets une couleur qu'ils n'ont pas et qui, paraît-il, devient tous les jours plus commune, n'est guère connue que depuis une étude d'Huddart en 1777 et plus particulièrement depuis la communication faite, en 1798, par le savant physicien anglais Dalton qui a donné son nom à cette affection dont il était atteint lui-même et qui lui faisait confondre les couleurs complémentaires, phénomène qu'il attribuait à la coloration des fluides de son œil. Il disait vrai, car le chirurgien Ransome, qui fit plus tard son autopsie, examina son cristallin et vit qu'il était légèrement jaune.

L'existence du daltonisme, quelle que soit sa cause, ne peut plus être niée aujourd'hui, et sans vouloir énumérer les nombreux cas d'observation, tous fort intéressants, mentionnés par le docteur Favre, dans ses différentes brochures, nous en citerons quelques-uns des plus curieux. — De plus, quoiqu'envisagée principalement au point de vue des chemins de fer par notre spécialiste, il reconnaît lui-même que l'étude du daltonisme intéresse la marine bien plus que l'industrie des chemins de fer. En effet, dans une foule de cas, cette fausse appréciation des couleurs peut amener des accidents. Ainsi les feux de position des navires sont verts et rouges; les feux de Bengale et les feux Coston sont aussi verts et rouges; enfin, les phares de première classe ont des éclats rouges, verts et blancs. Admettons une erreur commise dans une de ces trois situations, et un grand malheur peut arriver.

Le plus souvent le daltonisme ne s'étend qu'à deux couleurs, ordinairement *complémentaires* (1) et c'est ce qui fait que plusieurs accidents de chemin de fer se sont produits en Angleterre et à Bucke (en Westphalie) en 1870. Voici comment. Les feux destinés à indiquer que la voie était libre ou barrée avaient été, dans l'origine, choisis de couleurs complémentaires pour qu'ils se distinguassent mieux ; mais il arriva plusieurs fois que des chauffeurs, affectés de daltonisme, s'y trompèrent. Aussi évite-t-on avec soin, maintenant, d'employer les couleurs complémentaires pour des signaux inverses.

(1) On appelle couleur complémentaire, la couleur nécessaire pour en former une autre; ainsi le jaune est la complémentaire du bleu et réciproquement, parce que mélangées entre elles, elles en forment une troisième, le vert. Le rouge est la complémentaire du bleu. Leur mélange donne le violet, etc.

Cette infirmité, quelquefois, peut n'être que momentanée, passagère ou de courte durée. Cela tient à ce que l'œil trop vivement affecté par une couleur éclatante, attribue à tous les objets la couleur complémentaire de celle qui l'a blessé pendant un temps plus ou moins long. Ainsi les erreurs de la vue ont duré chez des personnes plusieurs mois, chez d'autres trois semaines. On cite des cas de huit jours, de quatre jours, de deux jours.

Chez quelques personnes le daltonisme est complet. Elles distinguent très bien les couleurs des corps, les parties claires ou obscures, mais elles n'en distinguent pas les couleurs.

M. d'Hombres-Firmas cite une personne qui, dans un paysage, avait donné uniformément la couleur bleue au terrain, aux arbres, aux maisons et aux personnages pour l'harmoniser, disait-elle, avec son ameublement qui était rouge.

Un genre de daltonisme *assez commun*, est celui qui fait voir en vert les objets rouges, et réciproquement, erreur qui précisément peut se présenter en mer. Parmi de nombreux exemples, notons celui-ci. Dans les cours qu'il, professait à l'Observatoire, l'illustre Arago, qui savait mêler l'utile à l'agréable, se plaisait à citer l'exemple d'une famille écossaise dont *tous* les membres voyaient vert ce qui était rouge ; et le spirituel professeur d'ajouter que, pour cette famille infortunée, les cerises n'étaient jamais mûres. (1)

Avant 1864, le docteur Favre avait observé 13 daltoniques bien constatés, dont 8 furent refusés comme employés du service du chemin de fer.

Sur 1,196 candidats, âgés de 18 à 35 ans, interrogés du 26 juin 1864 à décembre 1872, 22 ont présenté cette infirmité bien marquée; 13 daltoniques pour le rouge, 1 pour le vert, furent refusés. (Au service du chemin de fer, le *rouge* indique l'arrêt et le *vert*, le ralentissement).

Du mois d'octobre 1872 au mois de mai 1873, 278 hommes, âgés de 18 à 60 ans, ont fourni 42 daltoniques; sur ce nombre, 9 seulement ne connaissaient pas ou connaissaient mal le rouge et étaient, par conséquent dangereux. Cette proportion de 42 sur 278 est élevée, si l'on considère que de ce nombre 276 avaient déjà subi l'examen des couleurs.

Si nous prenons ces chiffres pour base, voici le résultat auquel nous arrivons. Notre marine mar-

(1) M. C. Ginoux, artiste-peintre très connu à Toulon, nous a raconté le fait suivant. Il y a une quinzaine d'années, un de ses élèves, jeune homme de 20 ans, avait, un jour, à peindre 2 oranges rouges. Quel ne fut pas l'étonnement de M. Ginoux, lorsqu'il vit le travail de son élève, qui avait représenté les deux oranges d'un très-beau vert, et qui, sur une observation qui lui fut faite, soutenait qu'elles étaient réellement vertes et non pas rouges. Cette infirmité dura un mois environ.

chande, se composant, à elle seule, de 55 à 60,000 marins, il y aurait :

Sur   278 matelots . . . . .   42 daltoniques.
Sur 2.780   —   420   —
Sur 27.800   —   . . . . .   4 200   —
Sur 55.600   —   . . . . . .   8.400   —

et, en prenant l'autre proportion, le chiffre 9, c'est-à-dire le nombre de ceux qui ne connaissent pas le rouge, il y aurait encore :

Sur   278 matelots.   9
Sur 2.780   —   90
Sur 27.800   —   900
Sur 55.600   — 1.800

qui ne pourraient distinguer le feu rouge, la nuit.

Enfin, dans une dernière brochure, intitulée de la *Dyschromatopsie dans ses rapports avec la navigation*, parue en 1876, il y a quelques mois à peine, M. le docteur Favre nous fait part de ses nouvelles observations et des différents chiffres qu'il adopte comme moyenne.

Sur 1,050 hommes, âgés de 18 à 30 ans, examinés depuis juillet 1873 jusques à aujourd'hui, il a trouvé 98 daltoniens s'étant trompés sur une ou plusieurs couleurs, telles que le violet, le vert, le bleu, le jaune et le rouge. Il est vrai que sur ces

98 hommes atteints de daltonisme, 29 ont présenté des hésitations réitérées et 8 se sont rectifiés séance tenante ou à un second examen, après avoir commis des erreurs plus ou moins graves. Donc, en prenant comme base cette dernière moyenne, de date toute récente, nous avons :

```
Sur  1.050 matelots. . . . .      98 daltoniens.
Sur 10.500      —      . . . .     980      —
Sur 54.000      —      . . . .   5.000      —
```

Et en retranchant du nombre 98, les 29 qui ont seulement hésité et les 8 qui se sont plus tard corrigés, nous avons :

```
Sur  1.050 matelots. . . . .      61 daltoniens.
Sur 10.500      —      . . . .    610      —
Sur 54.600      —      . . . .  3.172      —
```

ce qui serait encore beaucoup trop, puisque la moyenne serait de 1 daltonien sur 17 matelots.

Cette infirmité, étudiée à fond par le docteur Favre, et pouvant présenter de sérieux dangers pour la navigation, a également beaucoup ému les autres nations. En Angleterre, — où l'on se tient toujours au courant des nouvelles découvertes et de tout ce qui peut intéresser la marine marchande ou militaire — on s'en est vivement préoccupé depuis quelque temps, et dans une réunion tenue le 14 juin

1875 par le *Royal United service Institution*, (1) voici ce que disait M. Stirling Lacon, un des hommes les plus éminents et les plus compétents d'Angleterre, au point de vue de ce qui concerne le commerce maritime et la marine marchande :

« D'après les expériences faites à Edimbourg sur un grand nombre de personnes, par Georges Wilson, il est prouvé que sur 17 personnes, une à la vue trouble (2) et sur 55, une *ne peut distinguer le vert du rouge*. Ces constatations ont une grande importance pour la marine marchande. A bord des navires de guerre où les hommes sont embarqués pour des périodes de plusieurs années, on peut expérimenter la vue de chacun de ceux qui doivent concourir au service de surveillance extérieure. Pour ceux de commerce où un matelot peut être engagé pour un mois seulement, et quelquefois pour un petit voyage au cabotage, on peut avoir en vigie, à un moment important, un homme ne sachant pas distinguer le rouge du vert. »

Adoptons les résultats donnés par les expériences anglaises, nous avons :

Sur   17 marins. . . . . .   1 ayant la vue trouble.
Sur   170   — - , ...   10   —

(1) *Revue Maritime et Coloniale*, septembre 1875, page 870.
(2) Ce chiffre est d'autant plus curieux à noter, que c'est le même qui a été trouvé, comme nous l'avons vu précédemment, par le docteur Favre

Sur 1.700 marins . . . . 100 ayant la vue trouble.
Sur 17.000   —   . . . . 1.000   —
Sur 59.500   —   . . . . 3.500   —

qui auraient la vue trouble, et dans la deuxième hypothèse,

Sur   55 matelots . .   1 ne pouvant distinguer le vert
                                          du rouge.
Sur   550   —   . .   10   —
Sur   5.500   —   . .   100   —
Sur   55.000   —   . . 1.000 matelots qui ne pourraient
                                 distinguer le vert du rouge.

Ainsi donc, que l'on adopte les statistiques françaises ou les statistiques anglaises, on trouve, des deux côtés, un chiffre encore trop grand de gens atteints de cette infirmité, et, en admettant même qu'il y ait de l'exagération dans tous ces calculs, n'y aurait-il que la moitié, le tiers ou le quart de ces chiffres qui fût vrai, il n'y aurait rien d'impossible, comme nous l'avons dit, qu'un certain nombre d'abordages fussent dus à cette infirmité.

Une deuxième preuve que cette maladie est devenue fréquente et peut avoir une importance considérable pour la marine, c'est que d'après l'arrêté ministériel du 30 juillet 1874, on fait subir une visite médicale aux candidats à l'École navale.

« Art. 3.... Dans une chambre dont les volets seront hermétiquement fermés et soigneusement calfeutrés, on disposera verticalement un tableau blanc opaque, mesurant 50 centimètres de côté, et dont le centre sera à 1m25 du sol; le centre de ce tableau sera percé d'une ouverture carrée de 12 millimètres de côté.

« Derrière ce tableau, on fera mouvoir une tablette rigide qui présentera successivement à l'ouverture centrale les lettres capitales n° 12 de l'échelle de Snellen, ou des signes équivalents à ces lettres (ces lettres et ces signes seront diversement colorés).»

Cette mesure de précaution ne prouve-t-elle pas suffisamment que l'on reconnaissait, en haut lieu, l'existence de cette maladie?

A quoi est dû le daltonisme? Quelles sont ses causes?

Le daltonisme vient le plus souvent de naissance; mais il peut survenir à la suite d'un coup violent reçu à l'œil, à la suite de plaies et de contusions à la tête; dans ce cas il porte le nom de dyschromatopsie traumatique ou de daltonisme traumatique. Il peut encore résulter de l'ingestion de différentes substances, de l'abus des boissons alcooliques, venir à la suite de certaines maladies comme une fièvre typhoïde. Enfin l'extrême fatigue peut aussi le produire ou l'aggraver.

A ces causes nombreuses, constatées et énumérées par le docteur Favre, nous nous permettrons d'en ajouter une dernière, celle qui peut être occasionnée soit par une insolation (1) ou par une chaleur excessive, comme dans les pays chauds, dans les déserts, soit par la contemplation prolongée d'objets très-éclairés.

Les causes de cette maladie étant basées sur de nombreuses observations et d'après des expériences concluantes, nous allons démontrer combien elles s'appliquent aux marins, ou en d'autres termes, combien les marins sont sujets, par leur profession, à se trouver dans les différents cas qui peuvent déterminer le daltonisme.

Mais auparavant, voyons comment le docteur Favre fut amené à faire une étude spéciale de cette maladie et à reconnaître que le daltonisme peut être *traumatique*, c'est-à-dire survenir à la suite d'un coup violent reçu à l'œil ou à la tête.

M. A. Favre rencontra tout-à-fait par hasard, le 26 avril 1857, le premier cas de daltonisme traumatique sur un enfant de douze ans qui venait de se faire à la paupière supérieure de l'œil droit une petite plaie contuse. Depuis, il a examiné, pour les couleurs, la plupart des personnes qui se sont présentées à lui avec des plaies, des contusions aux

____

(1) Un cas de daltonisme, ayant duré un mois, survenu à la suite d'une insolation, nous a été rapporté tout récemment.

paupières ou aux yeux, des plaies ou des contusions à la tête, des commotions cérébrales, et il a acquis de plus en plus la conviction que l'on ne saurait trop prêter d'attention à un mal qui peut causer des catastrophes sur mer et sur les voies ferrées.

M. A. Favre, parmi de nombreux exemples, cite, en effet, un mécanicien qui, après une contusion à l'œil, voyait le rouge, gris jaunâtre; le jaune, orangé; le vert, noir; le bleu, gris; le violet, grisâtre.

Un autre employé du chemin de fer, atteint d'une plaie à la paupière et d'une contusion au globe de l'œil, prenait le rouge pour le noir, le vert pour le noir, une pièce de 20 fr. pour une pièce de 1 fr. argent, 1 fr. argent pour un sou.

Le 19 décembre 1874, le sieur C....., aiguilleur, tomba d'une hauteur d'un mètre 50 cent. et se fit une contusion à la tête. L'examen extérieur de ses yeux et l'examen ophthalmoscopique n'indiquèrent d'abord rien d'anormal; mais deux jours après, il apercevait, au-dessus de la coiffure des mécaniciens et autres employés qu'il rencontrait, un brouillard violet; il voyait, à la place des palmes et des galons d'argent sur les casquettes des facteurs et des chefs de trains, une bande rouge.

Qu'on s'imagine C... continuant son service d'aiguilleur dans un semblable état!

Si les employés du chemin de fer sont comptés au nombre de ceux qui sont le plus exposés aux plaies et aux contusions, n'en est-il pas de même et à plus forte raison encore, des marins? N'est-il pas vrai que les marins, obligés par leur métier à monter constamment aux mâts, dans les cordages, à courir ou à sauter sur le pont, pour exécuter promptement une manœuvre, sont sujets à faire des chutes, à tomber du pont dans la cale, de la mâture sur le pont, et à se faire de graves blessures à la tête? Mais cela arrive fréquemment, et tous les marins que nous avons interrogés, soit capitaines au long cours, soit officiers de marine, le reconnaissent très-bien. Ajoutons à cela, que ces blessures sont la plupart du temps négligées, mal soignées, que les malades sont obligés, par la nécessité du service du bord, — service pénible s'il en fût — à travailler avant d'être complétement guéris, et l'on verra qu'il y a là un ensemble de circonstances qui pourrait très-bien contribuer à amener une lésion plus ou moins grave dans l'organisme et dans la partie cérébrale principalement. A la place de cet employé du chemin de fer, cité plus haut, qui voyait le rouge noir, et le vert également noir, supposons un marin au gouvernail ou au bossoir; il est certain que ne pouvant rien distinguer, il se serait laissé aborder par un autre navire. Or, qui oserait dire, que cela n'a jamais dû arriver? N'est-on pas amené, au con-

traire, en songeant à ce que l'on voit journellement,
à croire la chose parfaitement possible?

En effet, voici ce que disent assez souvent les
marins, à la suite d'un abordage. — On ne voyait pas
les feux ; ou bien, l'homme qui était à la barre, —
ou de garde sur l'avant, au moment de la collision,
dira :— je n'ai rien vu, ce n'est qu'au dernier moment
que j'ai vu tel feu. — Est-ce qu'en rapprochant de
la théorie que nous soutenons, les diverses dépositions que l'on entend répéter fréquemment dans
les enquêtes ou devant les tribunaux de commerce,
il est permis d'avoir encore des doutes sur l'existence de cette maladie, et ne doit-on pas agir avec
beaucoup de prudence et de circonspection avant
de prononcer une condamnation quelconque?

Mais continuons notre examen.

« L'abus des boissons alcooliques et l'abus du tabac,
dit-on, produisent fréquemment cette maladie. » (1)

Ici encore, il n'y a pas la moindre hésitation à
avoir. Tout le monde sait, en effet, que les marins
fument beaucoup, que les marins du commerce
comme ceux de l'État, boivent beaucoup ; enfin,
tout le monde sait que les marins, en général,
aiment surtout à *chiquer*.

Qu' aurait-il d'étonnant que cette macération,
cette distillation que l'on fait subir au tabac,

____

(1) Thèse du docteur Julien Masselon, 1872.

dans la bouche, pour en exprimer le jus — aussi fort et âcre que jaunâtre et dégoûtant, — ne vint affaiblir, ne vint troubler les nerfs ophthalmiques et la rétine en particulier? N'est-il pas démontré depuis longtemps que la nicotine, résidu du tabac que l'on est obligé d'absorber, quelle que soit la manière dont on fasse usage du tabac, — que ce soit à fumer, à priser ou à chiquer — est un des poisons les plus violents ?

Qu'y aurait-il d'extraordinaire que cette absorption continuelle et en grande quantité de nicotine, n'attaquât tout le système nerveux, le cerveau principalement, et ne produisit, à la longue, l'amaurose chez un grand nombre de marins, c'est-à-dire la paralysie de la rétine ? Voilà certes, des considérations importantes, qui sont du domaine de la physiologie sociale, et qu'il nous est impossible de trancher, vu notre incompétence; mais nous les croyons assez sérieuses pour les soumettre aux hommes de la science médicale. Notons, en terminant ce chapitre, un passage extrait de l'excellent ouvrage du docteur H.-A. Depierris, sur le tabac et sur son abus :

« Tous les auteurs qui ont écrit sur les maladies des yeux s'accordent à reconnaître le tabac comme une cause puissante de l'amaurose. C'est ce qu'a constaté surtout le docteur Sichel, médecin spécialiste, qui a publié, il y a quelques années, des exemples remarquables d'amaurose qu'il n'hésite pas à attribuer aux effets du tabac.

« Le docteur Hutchinson, chirurgien du grand hôpital de Londres, a pu également constater la fréquence de l'amaurose sur les individus adonnés au tabac. Sur 39 cas d'amauroses bilatérales, exemptes de toute lésion organique appréciable, il a pu compter 23 consommateurs de premier ordre, quatre de second ordre, et douze dont il n'a pu avoir que des renseignements incomplets ou équivoques à l'égard du tabac. (*Gazette hebdomaire* du 20 novembre 1863.)

Enfin, quant aux autres causes constitutives de cette infirmité, telles que fièvres typhoïdes, insolation, l'extrême fatigue, les travaux opiniâtres, etc., les marins y sont souvent sujets dans les pays chauds, au Sénégal, à Cayenne, en Cochinchine et dans bien d'autres.

En dernier lieu, la contemplation prolongée d'objets très éclairés, comme la mer, par exemple, en été, peut également l'occasionner.

Mais ce qu'il y a de plus terrible dans cette maladie, c'est que cette fausse appréciation des couleurs, dit le docteur Favre, peut exister tout-à-fait à l'insu des malades et ne pas être soupçonnée même par leur entourage. Dalton ne s'aperçut que très-tard, — à 26 ans, — qu'il avait cette imperfection visuelle à laquelle on a attaché son nom. Voici, d'après ce qu'il dit lui-même (*Memoirs of the Litterary Society of*

Manchester, vol. V, p. 259), dans quelle circonstance il reconnut son infirmité.

« Dans le courant de l'année 1790, je m'occupai de botanique, et cette étude dirigea particulièrement mon esprit vers les couleurs..... Cependant la particularité de ma vision ne me fut bien connue que dans l'automne de 1792. (1) Un jour, j'examinais une fleur de *geranium zonale* à la lumière d'une bougie. Cette fleur, qui au jour me paraissait *bleue* et qui en réalité est *violette*, me parut d'une couleur *rouge* tout à fait opposée au *bleu*. Ce changement n'était point apparent pour les autres personnes. »

Il faut donc surveiller attentivement les personnes atteintes de plaies, de contusions aux yeux et à la tête et les tenir éloignées des emplois où la notion exacte des couleurs est indispensable.

La plupart d'entre eux, employés du chemin de fer et marins, sont habituellement ou par occasion chargés d'observer ou de transmettre des ordres à l'aide des signaux coloriés. Il faut donc que l'attention des administrations des chemins de fer et de la marine soit appelée sur des circonstances qui peuvent, à un moment donné et pour un certain temps, priver un mécanicien, un chauffeur, un chef de train, un aiguilleur, un chef de gare, un garde-ligne, un matelot-timonier, un gardien de phare, de

____

(1) Il naquit en 1766.

sémaphore, un garde-côte, de l'aptitude à juger sainement des couleurs.

« Et si nous insistons particulièrement, dit M. A. Favre, sur la nécessité de surveiller, au point de vue de la notion des couleurs, les employés des chemins de fer et de la marine, c'est que dans ces professions, l'erreur d'un seul peut être fatale à un grand nombre de personnes. »

Les nombreux exemples que nous avons rapportés, suffisent amplement pour prouver l'existence de cette maladie. Pourtant, nous ne pouvons résister au désir de citer encore quelques lignes d'un intéressant travail, fait par un médecin de la marine, qui s'est occupé tout particulièrement du daltonisme à bord des navires de l'Etat.

M. Féris, médecin de 1re classe de la marine, a pu voir la chose de près, et dans une brochure intitulée : *Du Daltonisme dans ses rapports avec la navigation,* après avoir mentionné une foule d'observations, ajoute :

« Sait-on combien il y a d'hommes et même d'officiers dans la marine qui sont atteints de daltonisme? Je pourrais citer pour ma part deux officiers en activité, un lieutenant de vaisseau, un capitaine de frégate, et de plus un enseigne de vaisseau démissionnaire, ainsi que le second d'un navire norwégien, et aussi un lieutenant d'artillerie de marine.

« J'ai examiné moi-même 501 hommes adultes pris au hasard, mais appartenant tous à la marine; ils peuvent, sous le rapport de la provenance, se diviser de la façon suivante :

Officiers 12
Deux compagnies de la division de Lorient. . 252
Équipage de la corvette l'*Euménide*. 72
Hôpitaux maritimes de Lorient 165
                                            ————
                        Total. 501

« Sur ce nombre, 13 étaient atteints d'un daltonisme parfaitement caractérisé; les erreurs les plus étranges étaient commises par eux : ils prenaient le vert pour du rouge et inversement le bleu pour du violet, ou bien ils mêlaient aux teintes lilas les plus franches nuances vertes.

« Onze autres personnes distinguaient passablement les colorations pures; mais, dès que les couleurs n'étaient pas saturées, (1) ils se trompaient souvent d'une façon grossière. Ainsi ils prenaient le rose pour du violet ou pour du jaune, le vert jaunâtre pour du jaune clair, le jaune-orangé pour du rouge, le jaune clair pour du blanc, etc., etc. Ces hommes-là sont certainement daltoniens, quoique à

(1) On donne le nom de *couleur saturée* à celle qui est aussi pure que possible, par conséquent sans mélange d'aucune autre couleur du spectre.

un moindre degré que les premiers ; car, lorsque je recommençais l'examen, ils ne démentaient jamais leur première appréciation.

« Enfin, j'ai rencontré 23 hommes offrant des hésitations réitérées en présence de certaines couleurs. Je leur présentais, par exemple, un peloton de laine verte en leur demandant quelle en était la couleur. Ils me répondaient : « C'est du bleu ; non, c'est du vert ; non, c'est du bleu. » Si j'insitais pour avoir une réponse catégorique, ils finissaient par me dire : « Je ne sais pas. »

« Sur 501 hommes visités, j'en ai trouvé, par conséquent, 47 qui présentaient à un degré différent une altération du sens chromatique. Je puis donc dire que la marine renferme une proportion de daltoniques représentée par le chiffre de 9,4 pour cent.

« L'âge des hommes que j'ai examinés varie entre 17 et 50 ans. »

Pour arriver à la conclusion, donnons un passage de la dernière brochure du D*r* Favre, parue en 1876, intitulée de la *dyschromatopsie dans ses rapports avec la navigation*, dans laquelle il indique les mesures à prendre pour lutter contre cette maladie.

« Les signaux multipliés de la tactique navale réclament une bonne appréciation des couleurs de la part d'un grand nombre de personnes sur un navire, et cependant, jusqu'à ce jour, on ne paraît pas s'être préoccupé de la fréquence du daltonisme, si ce n'est dans les dernières instructions pour l'admission des élèves à l'école.navale (1874).

« Dans la marine de l'État, la présence d'un grand nombre d'officiers, la régularité des exercices sur les signaux doivent laisser peu de place aux erreurs désastreuses. Mais, dans la marine marchande, il me semble que ces erreurs ont de plus grandes chances de se produire. L'équipage d'un navire marchand n'est souvent que de quinze à vingt hommes. Sur ce nombre, il y a probablement un daltonien, et sur vingt navires il peut arriver qu'un capitaine soit lui-même daltonien. Si ce capitaine connaît son infirmité, et s'il a le bon esprit de s'en rapporter à son second ou à tel autre marin pour l'appréciation des signaux, tout ira bien; mais s'il ignore le défaut de sa vue, demandera-t-il conseil, écoutera-t-il les avertissements de ses subordonnés ?

« La visite des marins pour les couleurs est donc indispensable; elle doit se faire au port d'embarquement, par les soins des autorités de ce port, et la permission de départ ne devrait être accordée que sur le vu d'un certificat attestant que cette visite a été faite.

« Il n'est pas douteux que si un port tel que celui de Marseille inaugurait cette visite et se montrait rigoureux à cet égard, avant un an elle entrerait dans

 ÉTUDE CRITIQUE

les habitudes de la navigation et produirait des résultats d'une importance évidente.

« Je me crois autorisé, par mes publications antérieures sur la dyschromatopsie et par les considérations qui précèdent, à formuler les conclusions suivantes :

« I° Tous les marins destinés à faire usage des signaux colorés subiront la visite des couleurs.

« II. — La notion exacte du rouge et du vert est indispensable à tous les marins qui doivent faire usage des signaux colorés. Des exercices sur les couleurs seront institués sur chaque bâtiment.

« III. — Les marins atteints de contusions, de plaies aux yeux ou à la tête seront examinés pour les couleurs.

« IV. — Après toute maladie grave, la visite des couleurs est de nécessité.

« V. — Ceux qui feront abus de boissons alcooliques ou de tabac subiront fréquemment la visite pour les couleurs.

« VI. — L'examen périodique pour les couleurs sera institué dans la marine; il pourra être fait par les marins eux-mêmes quand ils se transmettront le service des signaux.

« VII. — Les exercices pour les couleurs seront établis dans toutes les écoles spéciales de la marine : école navale, école des mousses, etc. »

Les mesures proposées par le docteur Favre, sont-elles pratiques, nous l'ignorons? C'est là une question nouvelle qui se présente, qui est nettement posée et qu'il faut trancher d'une manière ou de l'autre. Mais nous le répétons, tout ce que nous avons dit du daltonisme, nous l'avons écrit sous l'empire de la plus grande conviction. Et ce qui nous rend de plus en plus fort dans cette idée, c'est que nos voisins d'outre-Manche s'en occupent depuis quelque temps, surtout depuis les travaux faits par nos savants; et s'ils s'en occupent, eux, nos maîtres en fait de marine, eux si pratiques et si observateurs, c'est qu'il y a certainement du vrai au fond.

CHAPITRE V

Des Ecrans.

Un nouvel inconvénient qui peut aussi amener de la confusion, non pas au point de vue des couleurs elles-mêmes, mais au point de vue du nombre, et qui contribue, par suite, à occasionner des abordages, est celui qui est relatif aux écrans.

D'après la loi, — article 2, § 1er du décret du 28 mai 1858, toujours en vigueur, — les fanaux doivent être pourvus, en dedans du bord, d'écrans dirigés de l'arrière à l'avant et d'une longueur de 0,90es en avant de la lumière, afin que le feu vert ne puisse être aperçu de babord avant, et le feu rouge de tribord avant. Cet article, comme il est facile d'en juger, est on ne peut plus simple et on ne peut plus clair. Pourquoi donc se fait-il que pas un seul navire n'observe ce règlement? Pourquoi donc, ne les oblige-t-on pas à s'y conformer strictement? On ne viendra pas, pour s'excuser de cette inexécution de la loi, nous objecter la question de dépenses. Deux petites planches de quelques centimètres de longueur, voilà certes des objets peu coûteux et qui ne peuvent ruiner personne. Et pourtant, nous le répétons sans crainte, *personne* ne les a conformes à la loi. Sur tous les

navires de commerce, la longueur ordinaire des
écrans est, en effet, de 45 à 50 centimètres, quelquefois 60, très rarement 70, mais jamais 90. A quoi
donc est due cette négligence coupable? En présence
de ce fait constant — que tout le monde peut vérifier
et contrôler comme nous — n'est-il pas permis de
poser ce dilemme indiscutable : ou les experts, qui
sont tenus, d'après le décret du 28 janvier 1853, (1)
de constater dans leurs certificats si les feux sont
conformes au vœu de la loi, ne remplissent pas leurs
devoirs, et dans ce cas-là ils sont repréhensibles ;
ou si, au contraire, ils remplissent exactement leur
mandat, pourquoi donc l'autorité compétente ne
prend-elle pas en considération leurs observations
consignées dans les certificats de visite? Pourquoi
donc l'inscription maritime ne fait-elle pas exécuter
la loi, en s'opposant par exemple, au départ du navire?
Oserait-on soutenir, peut-être, que cette formalité
n'est pas aussi nécessaire, aussi indispensable que
ce que l'on veut bien dire, et que peu importe que les
écrans aient 50, 60 ou 90 centimètres? En vérité,
raisonner ainsi, ce serait faire injure au bon sens de
chacun et vouloir nier les choses les plus évidentes.
Ne sait-on pas, en effet, que la manière d'établir les
feux, ou en d'autres termes, l'installation particulière
qu'on doit y apporter, est une chose importante, afin

(1) Voir la note à la page 41.

de pouvoir se reconnaître en mer? Sinon, il n'y aurait qu'incertitude et confusion; on ne saurait plus à quoi s'en tenir et aucune combinaison de feux ne pourrait indiquer la route précise suivie par le navire.

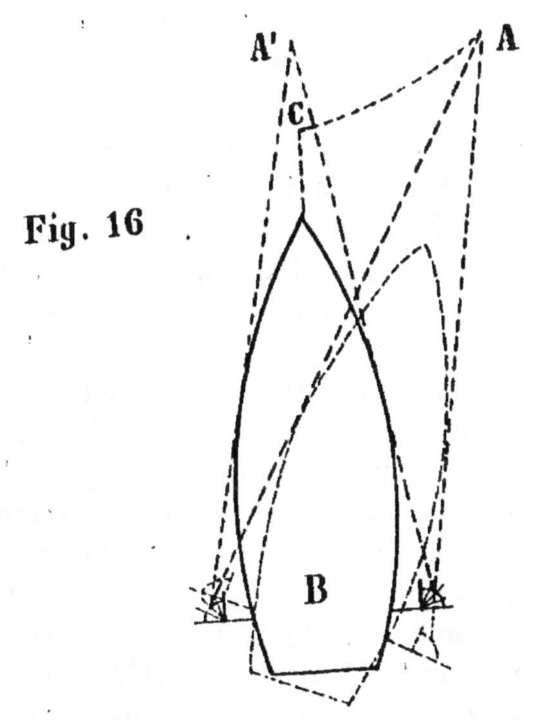

Ainsi un navire A aperçoit un navire B. Si les écrans avaient la longueur règlementaire, (90 centimètres) il n'apercevrait que le feu vert et il serait fixé sur sa direction. Mais les écrans n'ayant le plus généralement que 45 ou 50 centimètres de longueur, le navire A aperçoit en même temps les deux feux de B, absolument comme s'il se trouvait en A', ou en d'autres termes, A croit que B vient droit sur lui. Comment dès lors reconnaître son allure? Comment savoir s'il vient sur babord ou sur tribord? Persuadé que B vient droit sur lui — ce qui n'est pas — A change de direction et vient sur tribord comme le lui prescrit la loi; et c'est en faisant ce changement de route, c'est-à-dire en prenant la direction de AC, qu'il vient justement se faire aborder, accident qui ne se serait pas produit, si les écrans avaient eu la longueur règlementaire.

Pour parer à ce vice de construction universellement adopté, il y aurait un moyen bien simple.

Puisque l'autorité compétente — pour des raisons que nous ignorons — ne peut parvenir à faire exécuter la loi, les tribunaux de commerce devraient, eux, s'en arroger le soin et l'honneur en même temps. Ils devraient, lorsque des questions d'abordage sont portées devant leur juridiction, adresser aux parties en cause — au demandeur surtout — le raisonnement suivant : Vous venez, devant nous, demander réparation d'un préjudice qui vous a été occasionné par un abordage; mais, avez-vous exécuté les règlements internationaux? Vous êtes-vous conformé aux prescriptions de la loi? Avez-vous pris toutes les mesures de précaution et de sûreté possibles pour éviter vous-même cette collision? Si vous l'avez fait, nous vous écouterons : sinon, nous vous déboutons. (1) Voilà le langage que l'on devrait tenir en pareille circonstance, et si cela se faisait, on verrait du jour au lendemain, tout le monde se conformer aux règlements maritimes et participer ainsi à diminuer les chances d'abordage. Notre prétention est excessive, nous le reconnaissons; mais, comme dit le vieil adage, aux grands maux, les grands remèdes. D'ailleurs, n'est-elle pas fondée sur la raison, sur la morale et dans l'intérêt de tous?

Cette confusion, occasionnée par les deux feux que l'on aperçoit en même temps et à tort, provient

(1) En Angleterre, voici la manière d'agir devant les tribunaux. A la suite d'un abordage, un procès est engagé. Avant de plaider au fond, on nomme des experts ; c'est d'eux que doit dépendre tout le procès ; ils visitent le navire, examinent tout avec attention, s'assurent si la distance des feux est moindre que la plus grande largeur du navire, et suivant ce que décident les experts, le tribunal déboute ou donne suite aux débats. Ainsi, le demandeur aurait-il eu les feux allumés, serait-il démontré que l'abordage a eu lieu par la faute de l'abordeur, si les experts constatent le vice que nous venons d'indiquer sur la distance des feux, le demandeur, malgré tout son droit, sera débouté, parce qu'on lui répond avec raison : Si vos feux avaient été plus écartés du navire, s'ils avaient été plus visibles, l'accident n'aurait, peut-être, pas eu lieu. Devant les tribunaux français a-t-on jamais songé à l'existence de cet inconvénient? Nous en doutons beaucoup; cependant il existe, et peut être constaté par tout le monde sans faire un grand effort d'imagination.

aussi de ce que les fanaux ne sont pas toujours situés tout-à-fait près de l'écran. Placés à quelques centimètres plus loin, le foyer se trouve reculé, et ils produisent le même défaut que celui occasionné par le raccourcissement des écrans. Cet inconvénient, très-fréquent sur les navires marchands, existe aussi sur bon nombre de navires de guerre.

CHAPITRE VI

Insuffisance des signaux par temps de brume.

Enfin, la dernière cause des abordages que nous ayons à étudier, est celle qui résulte de l'insuffisance des signaux par temps de brume.

L'article 1er du décret du 26 mai 1869, qui règlemente la marche des navires dans pareil cas, est ainsi conçu :

« En temps de brume, de jour et de nuit, les navires font entendre les signaux suivants toutes les *cinq minutes* au moins, savoir :

« (*a*) Les bâtiments à vapeur ou à voiles, lorsqu'ils sont à l'ancre, font usage d'une cloche;

« (*b*) Dans toute autre position que celle du mouillage, les navires à vapeur font entendre le son du sifflet à vapeur, qui est placé en avant de la cheminée, à une hauteur de 2m 40 au-dessus du pont des gaillards;

« (*c*) *Dans toute autre position que celle du mouillage, les bâtiments à voiles font usage du cornet.* »

Cet article, nous ne craignons pas de le dire, est tout-à-fait incomplet et insuffisant. C'est surtout le dernier paragraphe qui prête à la critique et doit être modifié le plus promptement possible.

Pour nous expliquer aussi clairement que possible, nous examinerons la question sous deux points de vue :

1° Cas de deux navires à voiles ;

2° Cas d'un navire à vapeur et d'un navire à voiles surpris par la brume.

Cas de deux navires à voiles.

Tout bâtiment ne peut être que dans deux positions : en marche ou au mouillage.

Lorsqu'il est en marche, il peut présenter plusieurs allures, ainsi : courir vent arrière, être au plus près, bâbord ou tribord amures, courir grand largue, bâbord ou tribord amures, etc.

Or, par temps de brume, comment reconnaître qu'un navire qui sonne du cornet court grand largue, vient par le travers ou dans la même direction que vous, puisqu'il n'y a aucune distinction pour sonner du cornet, ou en d'autres termes, puisqu'il n'y a qu'une *seule manière* de sonner pour désigner ces différentes situations? Aussi qu'en résulte-t-il? Toujours de l'incertitude, de l'indécision, une anxiété terrible et finalement des abordages.

Quelques mots accompagnés d'une figure, feront plus nettement comprendre ce que nous venons de dire.

A, se trouvant surpris par la brume, fait entendre le cornet. Un deuxième navire, également entouré par la brume, lui répond, pour lui signaler sa présence. Mais comment A pourra-t-il savoir que le navire qui lui a répondu vient dans une direction parallèle à la sienne, ou s'il vient en sens contraire ou par le travers, positions B, C, D?

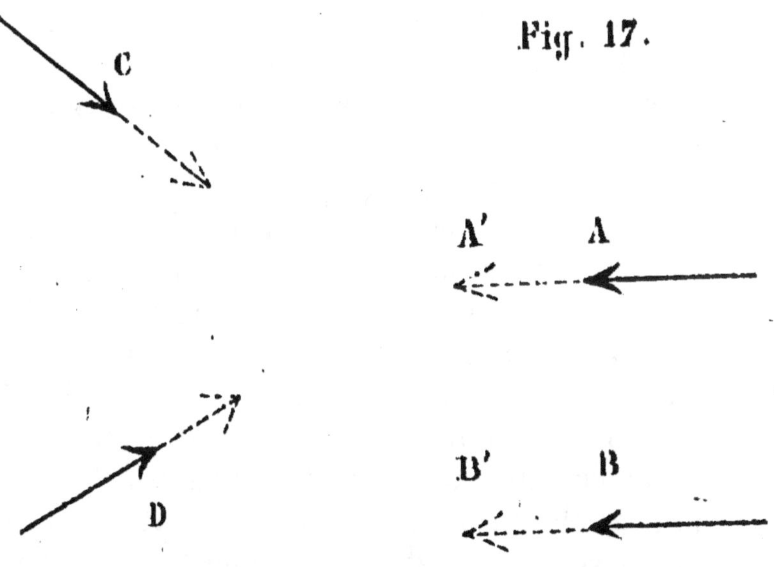

Cinq minutes après — conformément à la loi — A qui se trouve en A' sonne de nouveau du cornet. Le deuxième navire qui est en B', lui répond. Ici encore, même incertitude. D'où vient le son? Impossible de le savoir. Et l'erreur sera d'autant plus facile à commettre que la même distance existera pendant quelque temps entre les deux navires, quelque position qu'ils aient l'un par rapport à l'autre.

Autre inconvénient qui résulte de ce même article.

Pour que le cornet pût servir à quelque chose, il faudrait qu'il s'entendît de loin ; sinon il ne servira de rien, et c'est ce qui a lieu. Ainsi, à un moment donné, à 3 heures précises, par exemple, un navire à voiles filant 4 nœuds et un autre navire à voiles filant 5 nœuds, font entendre le cornet. Cinq minutes après, avant qu'ils aient fait entendre une deuxième fois le cornet, ils s'aborderont, en s'accusant réciproquement de n'avoir pas observé le règlement. — Pardon, dira le premier navire à voiles, j'ai fait sonner du cornet, il y a cinq minutes. — Moi aussi, dira le second. Chacun des deux refusera de croire ce que dit son adversaire ; mais on oublie que, cinq minutes auparavant, les deux navires étaient à la distance de 1,400 mètres, et que le cornet n'avait pu être entendu ni par l'un ni par l'autre.

Cas d'un navire à vapeur et d'un navire à voiles.

Ce que nous avons dit du cornet pour les navires à voiles, s'applique aussi au sifflet des navires à vapeur.

Le sifflet par temps de brume, s'entend d'assez loin il est vrai, mais on ne peut jamais savoir, même approximativement, ni l'allure sous laquelle court le navire ni la distance à laquelle il se trouve. On entend un son prolongé, uniforme, mais voilà tout. Tel sifflet que l'on croira loin, à plusieurs milles par exemple, sera infiniment plus près et réciproquement. La puissance et la perception d'un son dépendent, en effet, de la grosseur du sifflet, de la pression plus ou moins forte, de l'état atmosphérique, des différentes couches d'air, alternativement humides ou sèches que doit traverser le son, et d'une foule d'autres circonstances. En d'autres termes, un sifflet de telle dimension, s'entendra à un mille et tout aussi bien qu'un autre sifflet double en grosseur et situé à une distance double. Comment savoir alors que le navire est à un mille ou à 2 milles? Comment reconnaître s'il vient sur babord ou sur tribord, sur l'avant ou sur l'arrière?

Pour parer à ces inconvénients, on devrait adopter certaines combinaisons, celle-ci par exemple : —

En temps de brume, tout navire à voiles fera entendre :

1 fois le cornet pour indiquer qu'il court vent arrière.
2 fois   —   —   — babord amures.
3 fois   —   —   — tribord amures.

Une modification analogue devrait être aussi introduite pour les navires à vapeur qui font usage du sifflet.

Un des exemples les plus récents et les plus remarquables arrivés dans ces circonstances, c'est l'abordage des deux vaisseaux cuirassés anglais, le *Vanguard* et l'*Iron-Duke*.

Dans cet abordage, le sifflet à vapeur joua un très-grand rôle. C'est en grande partie, et nous pourrions même dire, uniquement à cause de lui, que l'accident s'est produit. Les divers signaux faits, à maintes reprises, à l'aide du sifflet à vapeur ne furent pas entendus. D'après les renseignements donnés par le *Times*, nous relevons les passages suivants des dépositions faites par les témoins de cette affaire.

« Le mercredi matin 1er septembre 1875, l'escadre, comprenant le vaisseau-amiral le *Warrior*, l'*Iron-Duke*, l'*Hector* et le *Vanguard*, était à l'ancre dans la rade de Kingston ; le temps était beau et clair, bien qu'au large on aperçut des bancs de brume ; il y avait tout lieu de croire qu'ils se dissiperaient dans la journée. L'escadre leva l'ancre et prit le large. Au lieu de se dissiper, la brume devint au contraire plus intense ; elle devint rapidement si épaisse, que les cuirassés *ne purent reconnaître le signal* du vaisseau-amiral, ordonnant de ralentir la vitesse.

« On sondait fréquemment ; l'escadre était sur une seule ligne. A bord de l'*Iron-Duke*, le second lieutenant, presque tous les officiers étaient sur le pont autour du capitaine Shickley. A midi 50, un gros navire fut aperçu devant, sous l'éperon : c'était le *Vanguard*, manœuvrant pour ne pas aborder un navire à voiles. La machine fut aussitôt mise en arrière, la barre mise à bâbord, mais il fut impossible d'éviter l'abordage, et l'éperon frappa le *Vanguard* par le travers du centre de sa batterie en lui faisant une déchirure de quinze pieds de long sur quatre de large. L'*Iron-Duke* se dégagea immédiatement ; l'eau envahit alors rapidement la chambre des machines du *Vanguard*, qui tira le canon de détresse ; l'eau ne tarda pas à gagner toutes les cales ; il fallut songer au sauvetage de l'équipage, le cuirassé s'enfonçait à vue d'œil ; les canots de l'*Iron-Duke* arrivèrent, reçurent l'équipage, et dès que la brume se leva, le cuirassé fit route pour Kingston. Le *Vanguard* avait sombré. (*Moniteur de la flotte.*)

« A midi 35 lorsque le commandant quitta le pont, l'*Iron-Duke* était à environ trois encâblures (600 mètres) derrière le *Vanguard ;* quand il remonta à midi 43, il y avait une brume telle, que l'on ne se voyait pas d'un bout du navire à l'autre. C'est alors que l'ordre fut donné de manœuvrer le sifflet à vapeur, et qu'il fut en outre ouvert en grand pour donner un coup prolongé, avertissant ainsi l'*Iron-Duke qui ne fit aucune réponse*, et cependant d'après l'opinion du capitaine Dawkins, commandant le *Vanguard*, le sifflet à vapeur du *Vanguard* devait être entendu au moins à 6 ou 8 encâblures (1,200 ou 1,600 mètres.)»

Comment se fait-il donc que l'*Iron-Duke*, qui n'était qu'à trois encâblures ou 600 mètres, n'ait pas pu l'entendre ?

De son côté, le capitaine Dawkins, commandant le *Vanguard*, n'entendit pas non plus le sifflet de l'*Iron-Duke*.

« N'entendant pas, dit-il, le sifflet de l'*Iron-Duke*, je pensai que ce bâtiment avait jugé prudent d'augmenter la distance qui nous séparait. »

Et d'ailleurs, qu'y a-t-il d'étonnant que le sifflet n'ait pas pu être entendu, lorsqu'on songe que plusieurs coups de canon furent même tirés, à bord du vaisseau-amiral, et ne furent pas entendus. Cela résulte de la déposition du capitaine de vaisseau Whyte, commandant le *Warrior*.

« Le premier coup de canon fut tiré à midi et demi avec une pièce de 12; *il a pu ne pas être entendu à cinq ou six encâblures*. Je donnai immédiatement l'ordre de tirer une pièce de 0,17... »

Nous constatons seulement, le fait, sans, ajouter de commentaires, car il faudrait parler de, la théorie du son, des conditions favorables pour son émission, des vibrations, ce qui nous mènerait trop loin. Mais il ressort de tout ce qui précède, que, les signaux actuellement employés pour communiquer par temps de brume sont tout-à-fait insuffisants, et quant à leur puissance, et au nombre surtout.

CHAPITRE VII

Quel éclairage employer ?

Les principaux modes d'éclairage usités à bord des navires marchands, sont l'éclairage à la bougie, à l'huile d'olive, à l'huile de pétrole et à l'essence de pétrole. On emploie aussi quelquefois l'huile de palme ou l'huile de coco; mais, ce n'est que l'exception, et que lorsqu'on se trouve pris au dépourvu.

Ici encore, nous ne partageons pas complètement l'opinion trop catégorique des membres du Cercle des capitaines au long cours qui, dans leur rapport, ont décidé que les feux devaient être éclairés à la bougie, prétendant que l'éclairage à l'huile est vicieux, variable, que la fumée noircit les verres et les réflecteurs, que les mèches charbonnent, etc. Oui, cela est vrai pour l'huile d'olive, l'huile de colza ou autres huiles excessivement grasses, qui dégagent de l'oxyde de carbone, de l'acide carbonique et du noir de fumée, lesquels, absorbant une assez grande quantité d'hydrogène, forment, en présence de l'oxygène de l'air, des gouttes d'eau dans l'intérieur du fanal qui ternissent le verre; de plus elles charbonnent la mèche et produisent une lumière pâle au bout de quelques heures. Mais, les mêmes inconvénients ne se présentent pas pour l'huile minérale ou de pétrole, qui sous tous les rapports est préférable, puisque, à poids égal avec la bougie, elle donne une lumière *trois fois plus forte*. En second lieu, la lumière de l'huile d'olive ou de colza, même épurée, est rougeâtre foncée, relativement à celle du pétrole qui est blanche, vive et très-brillante ; enfin, parmi d'autres avantages, qui ne sont pas à dédaigner, citons-en deux seulement : 1º l'huile d'olive coûte 1 fr. 25 à 1 fr. 50 le litre, tandis que l'huile de pétrole coûte 0 fr. 60 seulement ; donc, grande économie ; 2º la deuxième qualité de l'huile minérale sur l'huile végétale est celle-ci : l'huile d'olive se congèle à la température de 5 à 10 degrés au-dessous de zéro, tandis que l'huile de pétrole ne gèle qu'à une température excessivement basse. Pour les navires qui entreprennent des voyages soit dans la mer Blanche, soit dans l'Amérique du Nord, dans le Canada, ce dernier avantage doit être pris en grande considération.

En préconisant l'usage du pétrole pour l'éclairage des fanaux, notre opinion sera vivement combattue, nous le savons, et nous prévoyons d'avance les nombreuses objections que l'on pourra faire. Mais il en est ici comme dans une foule d'autres cas.

La plupart de ces objections, reposant sur une base fausse, rentrent dans la catégorie des erreurs que l'on désigne du nom de préjugés vulgaires.

Ainsi, aujourd'hui encore, il est généralement admis que l'huile de pétrole est très-dangereuse, essentiellement inflammable, et pouvant occasionner de nombreux accidents. Autant de mots, autant d'erreurs, et raisonner ainsi, c'est ressembler, par exemple, à ceux qui prétendent que lorsqu'on a été condamné en police correctionnelle, on a un an et un jour pour faire la peine, ou bien à ceux qui croient que l'apparition d'une comète est le signe certain d'une guerre, d'une famine ou d'un fléau quelconque ; c'est absolument la même chose. S'il est vrai que dès le début, on a constaté des incendies, dus à l'explosion ou à l'inflammation de certaines quantités d'huile minérale, cela tenait non pas à l'huile elle-même, mais aux essences très inflammables qu'elle renfermait à l'état brut ou mal préparée, ou bien encore à la mauvaise construction des lampes répandues dans le commerce. Ainsi, lors du terrible incendie qui éclata dans le port de Bordeaux, le 28 septembre 1869, à six heures du soir, la *Sainte-Trinité* était chargée de *naphte* ou essence de pétrole, bien autrement dangereuse et inflammable que les huiles de pétrole ordinaires. « Le patron, dit le rapport, voulant faire viser son permis par le douanier qui l'accompagnait, descendit dans sa tille pour allumer sa chandelle ; mais à peine l'allumette dont il se servait « *avait-elle pris feu, qu'une explosion se produisit immédiatement* » et que la gabarre fut enflammée. Donc pas de doute à cet égard. Mais, lorsque l'huile minérale est épurée, lorsqu'on lui a fait subir certaines préparations, elle est complètement inoffensive, et l'on n'a, pour s'en convaincre, qu'à faire l'expérience que nous avons souvent répétée devant des personnes qui n'y croyaient pas, à savoir : mettre de l'huile de pétrole *épurée* dans un récipient quelconque, en fer ou en terre, et y plonger ensuite soit un charbon incandescent, soit une allumette enflammée; l'huile ne prendra pas feu et il n'y aura pas d'explosion. A l'appui de ce que nous venons d'avancer, nous allons citer quelques passages de différents ouvrages ou rapports sur l'Exposition universelle de 1867, qui ne laisseront plus de doute sur les grands avantages que possède ce système d'éclairage et sur cette idée communément répandue qu'il peut en résulter de graves dangers.

« L'éclairage à l'huile de pétrole ou de *paraffine*, comme l'appellent les Anglais, commence à s'introduire dans la marine anglaise, du moins pour les feux de tête de mât et de côté. Cette adoption s'explique par le bas prix de ce combustible et surtout par la grande supériorité de son pouvoir éclairant. . .

. . . .

« Pendant les premières années, 1861, 1862, dit M. F. Benard, dans son *Traité sur l'éclairage minéral*, les fabricants, pressés de demandes inattendues, livrèrent au public des lampes encore incomplètes.

« Des maisons nouvelles s'occupaient de cette fabrication ; sans expérience des huiles minérales, elles construisirent des appareils véritablement défectueux, donnant de l'odeur ou laissant par leur construction vicieuse, la possibilité d'inflammation dans le cas d'emploi de produits trop légers, ce qui ne tarda pas à arriver.

« La plupart des épiciers ayant l'habitude de renfermer les essences dans les caves ou autres lieux peu aérés, il suffisait d'une tourie cassée pour saturer cet espace clos d'un gaz très-inflammable; et la présence d'une chandelle ou d'une lumière pouvait causer de graves accidents. Le public, qui ignorait les causes, attribuait à l'huile de pétrole les accidents qui ne provenaient que de la fourberie ou de l'ignorance du marchand.

« La construction des lampes doit être telle, qu'en brûlant même des essences, il n'y ait pas d'explosions possibles pendant la combustion; c'est ce que n'avaient pas compris beaucoup de fabricants qui s'occupèrent inopinément de ce nouveau mode d'éclairage et fabriquèrent des lampes et becs de pétrole mal construits ou basés sur des appréciations fausses.....

« Une quantité d'appareils ainsi construits fut livrée au commerce et arrêta dans son essor le développement trop rapide de cet éclairage. On attribua au système ce qui n'était qu'un vice de construction dans les appareils, et la calomnie intéressée, l'exagération aidant, fit que certaines personnes s'effrayèrent d'une lampe à pétrole plus qu'elles ne l'auraient été d'une poudrière.

« Aujourd'hui, le public qui a pu apprécier par plusieurs années d'usage, l'avantage considérable qu'offre l'éclairage au pétrole, reconnaît que les dangers sont plus imaginaires que réels, qu'ils ne peuvent être comparés, dans tous les cas, à ceux qui se produisirent à l'origine du gaz et des chemins de fer, lesquels n'ont pas été arrêtés pour cela dans leur marche progressive.

« D'autre part, les fabricants trop pressés de produire dès l'origine, ont apporté aujourd'hui de notables perfectionnements dans les appareils. »

. . . .

M. l'abbé Moigno, dans ses intéressantes conférences : *Les éclairages modernes*, année 1867, s'exprime ainsi :

« L'avantage de l'huile minérale sur la bougie est énorme, puisque un même poids de la première nous donne une lumière presque triple. Mais si nous comparons même le pétrole à l'huile de colza épurée et brûlée dans une carcel, nous trouvons que pour obtenir la lumière de 100 bougies stéariques, il faut brûler par heure 532 grammes de colza, tandis que 320 grammes de pétrole d'Amérique nous suffisent pour obtenir la même clarté. Mais ce n'est pas à beaucoup près, le seul avantage que présente l'huile minérale. Dans les meilleures conditions possibles d'entretien, une lampe carcel ou à modérateur baisse en lumière au bout de quatre ou cinq heures d'allumage ; la lampe à huile de pétrole donne jusqu'à épuisement complet de son réservoir une lumière parfaitement constante en intensité ou en couleur. La lumière de l'huile végétale est jaune rougeâtre, comparativement à la blancheur de celle de l'huile de pétrole. »

Citons enfin un dernier passage, extrait d'un rapport fait à la société de Mulhouse, par M. Hirn, correspondant de l'Institut.

« .....Le danger que peut présenter l'emploi des huiles minérales dans l'éclairage repose exclusivement sur la grande volatilité de deux des principes constituants de l'huile brute ou mal préparée et de la grande inflammabilité de leurs vapeurs au contact d'un corps en combustion ou chauffé rouge ; sans ce contact, l'inflammation est absolument impossible.

« Les déplorables accidents auxquels a donné lieu récemment l'emploi des huiles minérales doivent être attribués exclusivement à ce que les producteurs ne se préoccupent pas toujours de remplir les conditions indispensables que je viens d'indiquer et laissent mêlés tous les produits de la distillation, afin de pouvoir vendre à plus bas prix. Pour rester juste, j'ajoute que le public, par la préférence inintelligente qu'il donne à tout ce qu'on lui offre à vil prix, ne favorise que trop la vente de ces produits inférieurs. Les conditions nécessaires étant remplies, l'usage de l'huile minérale est « infiniment moins dangereux que l'esprit de vin dont tout le monde se sert dans les ménages, » pour faire de l'eau chaude, préparer le thé et le café, etc. »

Le seul inconvénient que le pétrole présentait pour les usages de la navigation consistait dans l'extrême mobilité de la flamme et dans la facilité avec laquelle elle était susceptible d'être éteinte par les mouvements brusques du navire ou par les courants d'air.

Nous trouvons dans le passage suivant, extrait du rapport sur l'exposition universelle de 1867, la solution du problème :

« *Lampes Wavish.* — C'est à ce défaut que M. James Wavish a eu pour but d'obvier dans la construction des lampes à pétrole qu'il a exposées pour le service des navires, des ports, des chemins de fer, etc. Sa lampe, paraîtrait-il, n'est susceptible d'être éteinte ni par les mouvements les plus grands du navire, ni par les coups de vent les plus violents.

Sa clarté resterait vive durant les nuits les plus longues, sans qu'on ait besoin de la regarnir ni de la moucher, et sans que les verres en soient noircis par la fumée. »

Le prospectus du fabricant fait mention du navire à vapeur l'*Ibis* qui fit côte en Irlande pendant une tempête, et dont le feu de tête de mât, éclairé par une lampe à huile de pétrole, signalait encore pendant la deuxième nuit, la position du navire naufragé.

Au sujet de ces lampes, le rapporteur a reçu du directeur de la Compagnie péninsulaire et orientale, la copie d'un rapport adressé à son administration par le capitaine de l'un des paquebots de la compagnie qui est muni des fanaux phares de M. Wavish.

« Leur lumière est beaucoup plus brillante que celle des fanaux à huile ordinaire. Ils ne réclament aucun soin durant les nuits les plus longues, si ce n'est quelquefois de remonter un peu la mèche que les vibrations du navire font accidentellement descendre. Ils ne sont affectés par aucune espèce de temps.

« Ils sont en usage à bord du *Ceylan* depuis le mois de juin 1866 et m'ont toujours donné la plus entière satisfaction.

« Une précaution nécessaire pour éviter les accidents de combustion spontanée et les explosions, consiste à tenir l'huile d'approvisionnement éloignée

de toute lumière. A bord du *Ceylan*, elle était ren-
fermée dans des caisses ordinaires et jamais il ne
s'est rien présenté qui ressemblât de près ou de
loin à un accident.

« R. W. EWANS. »

A la suite de ces essais favorables, la Compagnie
péninsulaire a adopté les mêmes fanaux sur deux
autres de ces bâtiments.

« En France, l'un des fabricants qui se sont le
plus occupés d'apporter les perfectionnements aux
lampes à huile de pétrole est M. Marmet. L'inventeur
a eu pour but de régler la combustion du liquide
de telle sorte que, malgré sa nature hétérogène, la
flamme ait une intensité constante ; d'empêcher,
dans l'intérieur de l'appareil, toute élévation de
température pouvant augmenter la combustibilité du
liquide et rendre, par cela même, son emploi dangereux. Sa lampe est, selon lui, rendue inexplosible
par la création d'un double courant d'air intérieur,
isolant le récipient du tube dans lequel monte la
mèche, ce qui empêche la chaleur de la flamme de
pénétrer dans le réservoir pendant la combustion et
au moment de l'extinction ; elle serait, par le même
motif, rendue inodore parce que le liquide, brûlant
sans s'échauffer, ne dégage pas la vapeur qui
s'échappe souvent des autres lampes. »

Comme on vient de le voir, les Anglais se servent de l'huile de pétrole depuis longtemps et en
paraissent très enchantés. Les Américains, également, l'ont employée bien avant les Anglais. En
Italie, des essais ont été faits au mois d'août 1875,
et ont été très satisfaisants. En France, ce système
d'éclairage tend de plus en plus à s'introduire.
Beaucoup d'armateurs que nous connaissons, dans
les ports du Midi et du Nord, l'emploient avec succès depuis quelques années, et n'ont jamais constaté le moindre accident. Il y a même plus : les
grandes administrations l'emploient actuellement, ce
qui est un excellent certificat de recommandation ;
car, ce n'est que lorsqu'une chose a pleinement
réussi ou que l'expérience a démontré les avantages
d'une invention, que les grandes compagnies l'adoptent à leur tour. Depuis le 1er janvier 1873, un
grand nombre de phares, sur les côtes de France,
sont éclairés avec l'huile de pétrole, et nous avons
constaté le fait en allant visiter le phare de Porque-
rolles. (1) Enfin, le 20 décembre 1874, le 15 février
et le 20 mai 1875, des expériences concluantes ont
été faites à bord de l'*Alexandre*, vaisseau-école des
canonniers, en rade des îles d'Hyères, près Toulon.

(1) La plus grande des îles d'Hyères ayant un phare de premier
ordre. Il y aussi l'île de Port-Cros et l'île du Levant, sur laquelle se
trouve aussi un phare de premier ordre.

On avait pris trois fanaux, éclairés, l'un à la bougie, le deuxième avec de l'huile d'olive et le troisième avec de l'huile de pétrole. Après plusieurs heures d'observation, la commission constata que l'éclairage à l'huile de pétrole était de « beaucoup supérieur » aux autres, que la flamme était plus vive, plus brillante et plus intense que dans les deux autres fanaux, etc.

En présence de cette supériorité catégorique et bien marquée, l'adoptera-t-on ? Nous le souhaitons vivement, car le prix en étant très modéré, les armateurs ne pourraient plus, comme aujourd'hui, se retrancher derrière la dépense excessive occasionnée chaque nuit par le système actuel et mériter la moindre indulgence en cas de contravention. (1)

———

(1) L'essence de pétrole a aussi deux grands avantages : elle exige peu de place à bord et produit une lumière très-brillante. 35 à 40 litres environ suffisent pour l'éclairage des fanaux, pendant une année. Aussi beaucoup de capitaines l'ont-ils adoptée et s'en trouvent fort bien.

Un point à noter est celui-ci : que l'on adopte l'huile de pétrole, l'huile d'olive, la bougie ou l'essence de pétrole, cela importe peu à notre système, la construction du fanal étant la même, pour l'un ou pour l'autre de ces moyens d'éclairage, au point de vue de la nouvelle disposition des verres.

CHAPITRE VIII

Nécessité d'un Code Pénal.

Modifier et perfectionner est fort bien ; mais cela ne suffit pas. Comme couronnement de l'édifice et pour rendre efficaces toutes les dispositions de la loi, il faudrait une sanction pénale, c'est-à-dire une pénalité en cas de violation. Nous sommes ainsi faits, malheureusement, que si une peine ne nous oblige pas à faire ce que la morale, l'intérêt général ou notre propre intérêt même nous commandent, nous ne le faisons jamais.

N'est-il pas regrettable de voir aujourd'hui la loi constamment violée et aucune répression ne venir frapper les coupables ? Que de navires français et étrangers naviguent la nuit, sans avoir leurs feux de côté allumés, et à qui on ne peut rien dire, parce que la loi sur cette matière, se trouvant complète- ment muette, ne renferme aucune disposition pénale. Il est vrai qu'en cas d'accident, le capitaine d'un navire n'ayant pas les feux prescrits par le décret du 25 octobre 1862, est en faute, devient seul res- ponsable des conséquences de l'abordage (1) et qu'il

(1) Tribunal de commerce du Havre, 2 février 1857, renfermé dans le *Recueil de jurisprudence commerciale et maritime du Havre*, par

est passible de dommages-intérêts, lors même qu'un doute existerait, à certains égards, sur les causes de l'accident. (1) Il a même été jugé que la nécessité d'éclairer les navires pendant la nuit, par des feux quelconques, était une règle de droit public à laquelle les marins de toutes nations devaient se conformer sous peine de répondre des abordages, en cas de collision. (2) (Cour d'Aix, 23 décembre 1857.) Mais tant qu'il n'arrive pas de sinistre, tous les navires — et l'on sait s'il y en a aujourd'hui (3) — peuvent très bien naviguer sans avoir leurs feux de position et sans rien craindre des rigueurs de la loi. C'est ce qui arrive, en effet. « Les Français, dit le rapport des capitaines au long cours de Marseille, en portent peu ; les Anglais, les Américains et les autres nations du Nord, moins encore ; quant aux Grecs, Italiens et Levantins, ils n'en portent pas du tout. »

Guerrand, 3, 1, 299. — Tribunal correctionnel de Rouen, 27 janvier 1857. — *Bulletin officiel de la marine*, 1857, p. 117. — Tribunal de commerce de Marseille, 25 février 1859. (Voir le *Recueil de jurisprudence commerciale et maritime de Marseille.* — 37, 1, page 133.

(1) *Recueil de jurisprudence commerciale et maritime de Marseille*, par MM. Girod et Clariond.

(2) Abordage du vapeur français le *Lyonnais* et du navire américain l'*Adriatic*. (Voir le *Recueil de jurisprudence commerciale et maritime de Marseille*, 1857, p. 113.)

(3) Il y a environ 61,000 bâtiments marchands, à voiles et à vapeur, appartenant à tous les pays, qui sillonnent les mers du globe.

« Il résulte des constatations faites par nous, dans un grand nombre de traversées dans la Méditerranée, l'Archipel, la mer Noire, que sur cent navires rencontrés, *vingt* à peine ont leurs feux éclairés. Ils se contentent, quand ils aperçoivent un bateau à vapeur qui les approche de trop près, de faire voir un fanal blanc, rouge ou vert, et ils croient ainsi avoir satisfait à la loi. » — Et cette autre remarque faite par un navire de guerre, qui, dans sa traversée d'Alexandrie à Toulon, avait constaté que sur une centaine de navires de commerce, *quatre-vingt-dix au moins* n'avaient pas leurs feux de position. Aussi, quels accidents épouvantables ! que de drames lugubres se passent au milieu de la mer, que de cris déchirants viennent troubler le calme de de la nuit et arracher tout à coup de leur profond sommeil les imprudents matelots qui ne veillaient pas ou n'avaient pas eu le soin d'éclairer leur navire !

Mais si on connaît les abordages lorsqu'il y a des survivants, que de sinistres restent inexpliqués, où navires, matelots et passagers disparaissent à tout jamais dans les profondeurs de la mer, ne laissant après eux aucune trace de leur passage ni la moindre épave vivante. Des masses de navires de commerce ont été engloutis dans ces circonstances, sans que l'on ait jamais pu avoir le moindre renseignement et su ce qu'ils étaient devenus. N'est-il pas permis de croire, dès lors, — connaissant les capitaines coutumiers du fait — que dans ce nombre beaucoup ont dû être coulés pour n'avoir pas eu leurs feux de position allumés ? Que le lecteur ne mette nullement en doute ce que nous avançons et ne nous taxe pas d'exagération. La vérité, seule, est déjà assez triste par elle-même sans qu'il soit nécessaire d'y ajouter de nouvelles couleurs pour en rendre la peinture plus saisissante et plus lugubre surtout. A chaque instant, les journaux, les dépêches télégraphiques viennent nous apprendre que tel navire a été coulé, dans telles circonstances; vient ensuite la description des scènes de désespoir et des différentes péripéties du drame. Parmi les plus émouvants, qui ne se souvient de cet accident de mer, arrivé au début de la guerre de Crimée, et qui est toujours resté à l'état de mystère.

Le vice-amiral La Susse longeait la côte de Tunis avec toute son escadre, par une nuit sombre et un temps orageux, lorsqu'à deux heures du matin, le vaisseau-amiral le *Montebello* éprouva un choc violent. On crut avoir touché sur une roche; c'était le vaisseau qui, filant 11 nœuds, venait de passer sur un bâtiment de commerce qui naviguait sans feux, à la grâce de Dieu.

Des cris de détresse et des masses de débris tourbillonnant dans le remous du vaisseau, expliquèrent la cause de ce terrible évènement. On n'a jamais connu le nom et la nationalité du navire. La mer avait tout englouti, corps et biens. Nous pourrions en citer bien d'autres et bien d'autres. Il y a peu de temps encore, en juin 1875, nous lisions le passage suivant, dans le *Temps* :

« On mande de Port-Saïd que l'*Ava*, paquebot des Messageries maritimes, a coulé un trois-mâts à la voile en traversant le détroit de Messine. C'est à 1 heure 40 du matin que cet abordage fortuit a eu lieu.

« Le navire coulé *n'avait aucun feu de position*, et lorsqu'il en a enfin montré un, il était trop tard pour que l'*Ava* pût manœuvrer.

« Le paquebot n'a ressenti aucun choc et est entré dans le trois-mâts comme dans du beurre, suivant l'expression d'un témoin de la catastrophe.

« Le malheureux navire a dû couler par 1,200 mètres de profondeur et immédiatement après l'abordage. Le tourbillon que produit un navire en coulant par un aussi grand fond a probablement entraîné et englouti les hommes de quart sur le pont, car de la passerelle de l'*Ava* on n'a rien pu voir, et cependant cette passerelle a au moins, au-dessus de la mer, la hauteur d'un 2me étage ordinaire.

« On voudrait espérer qu'une embarcation a pu sauver quelques hommes en se dirigeant sur Reggio, mais il est plutôt probable que *personne n'a échappé à ce sinistre.*

« Au craquement effroyable de l'abordage et aux cris des pauvres gens dont le navire venait d'être coupé en deux, l'*Ava* a aussitôt stoppé et a mis ses embarcations à la mer. Il a croisé jusqu'au matin, mais n'a plus vu ni hommes ni navire. Il a été impospossible de connaître ni le nom du trois-mâts, ni sa nationalité, ni son tonnage, ni le nombre d'hommes qu'il avait à bord. »

Mais ce qu'il y a de plus terrible et de plus douloureux surtout, c'est que très-souvent, dans les abordages, c'est celui qui n'a pas ses feux qui coule l'autre, muni au contraire de ses feux règlementaires ; et l'on voit des capitaines, pour échapper aux poursuites ou à une condamnation pécuniaire qu'ils savent ne mériter que trop, s'éloigner lâchement à toutes voiles ou à toute vapeur, laissant les malheureuses victimes se débattre contre la mort. Oh ! ceux-là sont bien coupables, qui ne font pas tous leurs efforts pour sauver la vie de leurs semblables, dans ces moments terribles. En présence de pareils actes dont on a plusieurs exemples récents, il n'y a pas d'expression, dans aucune langue au monde, pour flétrir assez énergiquement une telle conduite.

Sans faire l'histoire de toutes ces scènes de désolation, que l'on peut lire dans la *Revue maritime et coloniale* ou dans les *Annales du Sauvetage maritime,* qu'il nous soit permis de citer encore le passage suivant extrait de ce dernier recueil, excellente publication que l'on devrait encourager, vu son utilité pour les marins.

« Le 7 mai 1869, vers 2 h. 1/2 du matin, l'*Edward Hwidt*, navire norwégien, *n'ayant pas ses feux,* aborda le paquebot *Général Abbatucci* et, sans s'inquiéter de son état, *continua sa route.* Vers 4 heures le *Général Abbatucci* coulait. Heureusement que le trois mâts norwégien l'*Ambla* vint à son secours et put sauver 54 personnes. Mais 49 personnes avaient déjà disparu. »

Mentionnons encore, pour terminer, deux exemples pris au hasard, et des plus récents.

Au sujet de la collision entre la *Franconia* et le *Strathclyde,* survenue en février 1876, voici ce qu'on lisait dans le *Temps* du 15 mars d'après :

« On se rappelle la collision en vue de Douvres, entre le vapeur allemand la *Franconia* et le vapeur anglais la *Strathclyde* ; la perte totale du navire anglais et de la très grande partie de l'équipage et des passagers ; l'abandon du *Strathclyde* par la *Franconia,* qui se hâta de gagner terre, sans porter secours aux naufragés du navire anglais qui coulait ;

enfin, le verdict du jury, rendu dans l'enquête du coroner sur le corps des premières victimes retrouvées, et qui déclarait coupable le capitaine de la *Franconia*.

« Une seconde enquête du coroner sur les corps de nouvelles victimes s'est terminée jeudi par le verdict suivant du jury :

« 1° La mort a été causée par la collision des navires; 2° la direction et la manœuvre de la *Franconia*, par son capitaine, avant la collision et au moment où elle s'est produite, sont les causes de la collision; 3° il y a eu une négligence coupable de la part du capitaine de la *Franconia* dans la direction et la manœuvre de son bâtiment; 4° il n'y avait pas de motif raisonnable pour que la *Franconia* ne restât pas à côté du *Strathclyde* pour recueillir les naufragés; mais le capitaine de la *Franconia* a été fortement influencé par l'avis peu judicieux du pilote (anglais), dont la conduite mérite une censure sévère.

« Après lecture de ce verdict, le coroner a fait observer qu'il équivalait à un verdict d'homicide.

« L'affaire, dans son ensemble, ne suivra pas son cours régulier. Elle sera évoquée à la Cour du banc de la reine. »

Le second se trouve relaté dans le *Journal Officiel* du 28 mars 1876. « Samedi 25 mars, le trois-mâts le *François-Arago* est entré en relâche à Granville, après avoir éprouvé des avaries dans un abordage avec un navire suédois, jeudi à 2 heures du matin. Le *François-Arago*, dix heures après son départ de Granville, faisait bonne route, ayant tous ses feux allumés, et se trouvait à 36 milles ouest des Roches-Douvres, lorsqu'il aperçut un navire devant lui. Il lofa pour l'éviter; mais ce bâtiment, *qui n'avait pas ses feux de position, ne fit rien* pour éviter l'abordage. Le choc fut terrible. Le *François-Arago*, abordé par le bossoir de babord, a perdu son ancre et six maillons de chaîne. Le beaupré a été enlevé, ainsi que les quatre focs, les étais de draille du mât de misaine, le petit mât de perroquet cassé, la voile déchirée, ainsi qu'une partie du gréement. Tout l'avant du navire est endommagé; le taillemer, l'étrave, la guibre et la poulaine, les bossoirs, les minots, tout a été écrasé et emporté.

« Le navire suédois est l'*Aegir* (*l'Aigle*) de Fjelbacka, qui a dû subir aussi de graves avaries. »

Nous arrêtons ici nos citations, car il faudrait plusieurs volumes si l'on voulait énumérer tous les sinistres survenus dans de pareilles circonstances.

Il suffit donc d'indiquer ce vice de la loi, cette lacune du code pénal, pour que celle-ci soit comblée le plus promptement possible; sinon ce qui se passe de nos jours se continuera demain, longtemps encore et toujours.

Mais, dira-t-on, la pénalité existe déjà. N'y a-t-il pas la circulaire ministérielle de la marine, du 30 octobre 1857, *privant de leur brevet* les capitaines qui ne se conforment pas à la loi sur l'éclairage des navires et de plus la circulaire ministérielle du 29 décembre 1866, qui renferme également une pénalité pour le cas échéant,?

Il n'y a donc qu'à les appliquer, puisqu'elles existent.

A ces deux objections voici notre réponse :

1° A tort ou à raison, — et quoique l'occasion se soit présentée maintes et maintes fois, — la circulaire du 30 octobre 1857 n'a jamais été appliquée, ou du moins elle n'a jamais été mise en vigueur pour le cas qui nous occupe. (1)

2° Quant à la circulaire du 29 décembre 1866, elle ne renferme et ne peut renfermer aucune sanction pénale, parce que la pénalité à laquelle elle fait allusion ne peut être appliquée pour cause d'incompétence manifeste et absolue; et, en admettant même que cette sanction pénale pût être appliquée, la pénalité que l'on peut infliger dans ce cas-là aux

____

(1) Ordinairement, on ne suspend un capitaine, pour six mois ou pour un an, que pour incapacité ou impéritie notoire montrée dans un naufrage, dans un abordage, pour coups et blessures vis-à-vis les hommes de l'équipage, etc.

contrevenants est si légère et si dérisoire, qu'il faudrait absolument la rendre plus sévère et plus efficace.

Pour démontrer ce que nous venons d'avancer, il nous est indispensable d'amener la question sur le terrain juridique et de discuter le texte de la loi. Mais que l'on se rassure, nous ferons tous nos efforts pour la traiter le plus simplement et le plus clairement possible, afin de ne pas trop nous éloigner de notre sujet et de pouvoir être aisément compris de nos bienveillants lecteurs.

CIRCULAIRE MINISTÉRIELLE DU 30 OCTOBRE 1857.

Paris, le 30 octobre 1857.

Application du décret du 17 août 1852, relatif aux feux que doivent porter, pendant la nuit, les bâtiments à vapeur et à voiles.

« Les experts institués, en vertu de la loi du 9-13 août 1791, pour procéder à la visite des navires du commerce ont été chargés, par la circulaire du 28 janvier 1853, de veiller à ce que ces bâtiments soient pourvus de fanaux établis de manière à remplir les obligations imposées par le décret du 17 août 1852, relatif aux feux que doivent porter, pendant la nuit, les navires à vapeur et à voiles.

« L'autorité maritime ne pouvant, aux termes de la même circulaire, procéder à l'expédition du rôle d'équipage qu'autant que les certificats de visite constatent expressément que le navire est muni de fanaux convenables, aucun bâtiment ne prend sans doute la mer sans être pourvu de feux à l'aide desquels il puisse signaler sa marche pendant la nuit.

« Mais je suis informé qu'on rencontre, même dans les parages les plus fréquentés, tels que la Manche et le détroit de Gibraltar, et par les temps les plus obscurs, des bâtiments marchant à toute vitesse, sans avoir aucun feu allumé.

« Une telle incurie, qui explique les terribles désastres que nous avons eus trop souvent à déplorer, n'est pas seulement répréhensible, elle est criminelle; aussi mon intention est-elle de punir sévèrement ceux de nos capitaines qui me seront signalés comme n'observant point les prescriptions règlementaires en matière d'éclairage du navire.

« J'aime à espérer que toutes les nations maritimes comprendront la nécessité d'adopter des mesures semblables, afin de prévenir, autant que possible, les abordages en mer qui résultent fréquemment de l'absence des feux.

« Je vous invite donc à rappeler aux capitaines des navires du commerce les devoirs qui leur sont imposés, relativement à l'éclairage des bâtiments et à les informer que je n'hésiterais pas à priver de leur brevet ceux d'entre eux qui ne s'y conformeraient pas.

« Recevez, etc.

> « *L'Amiral Ministre Secrétaire d'Etat*
> *de la marine et des colonies,*
>
> « Signé . HAMELIN. »

. . . .

Les autres textes de loi sur lesquels on tâche de s'appuyer pour infliger une peine, en cas de contravention, n'ont été que très rarement appliqués, à notre connaissance. Le *Bulletin officiel* de la marine, consulté avec le plus grand soin par nous, ne renferme que deux jugements, et fait en troisième lieu, mention d'un blâme sévère infligé à un capitaine qui ne s'était pas conformé aux prescriptions du décret du 25 octobre 1862.

Nous allons indiquer, en entier, ces divers actes législatifs pour bien en apprécier les divers attendus juridiques, et nous discuterons ensuite s'ils ont été justement ou faussement appliqués.

Paris, le 1er février 1861.

*Eclairage des navires. — Contravention au décret
du 25 octobre 1862.*

« MESSIEURS,

« J'ai été informé que le brick l'*Amitié*, de Granville, venant de Terre-Neuve, était rentré à son
port d'armement, dans la soirée du 17 novembre
dernier, sans avoir ses feux allumés, contrairement
aux prescriptions du décret du 25 octobre 1862.
J'ai invité M. le commissaire de l'inscription maritime à Granville à infliger un blâme très sévère au
capitaine de ce bâtiment, et à le prévenir que, s'il
renouvelait cette infraction, je n'hésiterais pas à lui
retirer son brevet.

« Il paraîtrait, d'ailleurs, que cette négligence est
ordinaire, surtout de la part des patrons des bateaux armés pour la pêche côtière.

« Je vous prie, Messieurs, d'user de votre autorité
pour leur représenter les dangers d'un tel oubli et
de leur faire connaître que, s'ils persistaient à
s'en rendre coupables, ils s'exposeraient à des mesures répressives.

« Recevez, etc.

« *Le Ministre secrétaire d'Etat de la marine
et des colonies,*

« Signé : P. DE CHASSELOUP-LAUBAT. »

Circulaire ministérielle aux Préfets maritimes, chefs du service de la marine, commissaires de l'inscription maritime, etc.

Paris, le 29 décembre 1866.

Sanction pénale des prescriptions du décret du 25 octobre 1862, sur l'éclairage des navires.

« MESSIEURS,

« Mon attention a été souvent appelée sur l'inobservation des dispositions du décret du 25 octobre 1862, qui détermine les feux que les navires doivent porter la nuit et les signaux à faire en temps de brume. Par une circulaire du 1er février 1864, je vous ai déjà signalé ces irrégularités, en vous priant d'user de votre autorité sur les capitaines et patrons pour les faire cesser.

« Cependant plusieurs abordages ont eu lieu depuis lors entre des bâtiments qui avaient négligé d'allumer les feux règlementaires. Quelques-uns de ces accidents ont même fait des victimes.

« J'ai reçu de nouvelles plaintes et des demandes de répression. Elles m'ont paru d'autant mieux fondées, qu'en pareil cas les imprudents font courir aux autres le même péril qu'à eux-mêmes, puisque les navires munis de feux restent exposés aux conséquences d'un abordage avec ceux qui ne s'éclairent pas.

« J'ai donc considéré comme un devoir de justice, aussi bien que d'humanité, de chercher à vaincre une insouciance coupable, *évidemment due en grande partie à l'impunité* qui semblait assurée aux contrevenants. Le décret du 25 octobre 1862 *n'a pas, en effet, de sanction pénale.* Aucune disposition répressive des règlements maritimes, et notamment du décret-loi du 23 mars 1852, ne se trouve applicable aux infractions dont il s'agit. Mais il existe, à l'article 471, nᵒ 15, du Code pénal, une disposition *générale* qui punit d'une amende d'un à cinq francs ceux qui auront contrevenu aux règlements légalement faits par l'autorité administrative. *J'ai pensé* que cette disposition pouvait atteindre les capitaines et patrons qui contreviennent au décret de 1862. M. le Ministre de la justice, à qui j'avais soumis la question, a été du même avis, et le tribunal de simple police de Dieppe, saisi par mon ordre d'une infraction de ce genre, vient effectivement de prononcer une condamnation à cinq francs d'amende et aux frais du procès, par un jugement que vous trouverez reproduit ci-après.

« La peine est sans doute légère ; mais elle suffira, je l'espère, pour exercer une salutaire impression, particulièrement sur les patrons pêcheurs, parmi lesquels on relève les manquements les plus fréquents. D'ailleurs, l'article 474 du code pénal permettrait d'infliger un emprisonnement de trois jours, en cas de récidive.

« Je vous prie, Messieurs, de donner toute la publicité possible, dans vos diverses circonscriptions, à la condamnation que je vous signale. Après avoir ainsi dûment averti les capitaines et patrons, vous n'hésiterez pas à faire dresser des procès-verbaux et à provoquer des poursuites contre ceux qui seraient pris en contravention. Enfin, si l'application des articles 471 et 474 du code pénal rencontrait quelque part des difficultés, vous auriez soin de m'en rendre compte.

« Le Ministre secrétaire d'Etat de la marine
et des colonies,

« Signé : P. DE CHASSELOUP-LAUBAT. »

AUDIENCE DU 7 DÉCEMBRE 1866.

Tribunal de simple police du canton de Dieppe.

« Nous, Charles-Eugène Poullet, juge de paix du canton de Dieppe, assisté de Me Leroux, greffier, étant en notre prétoire ordinaire, sis à Dieppe, rue des Tribunaux, y tenant audience publique, avons, le vendredi 7 décembre 1866, rendu le jugement suivant :

. . . .

« Attendu qu'il résulte du procès-verbal dressé par M. le commissaire de l'inscription maritime à Dieppe, que, dans la nuit du 12 novembre 1866, vers onze heures du soir, le lougre les *Quatre Evangélistes*, de Dieppe, ayant pour patron le sieur Hue (Jean-Baptiste), n'était pas muni des feux règlementaires prescrits par le décret du 25 octobre 1862, que ce fait est d'ailleurs reconnu à l'audience par le nommé Hue ;

« Attendu que le défendeur Hue, en contrevenant au décret du 25 octobre 1862, a contrevenu au règlement fait par l'autorité administrative, et, par conséquent, à l'article 471, n° 15, du Code pénal ;

« Attendu qu'il n'est pas possible d'admettre les excuses alléguées par le prévenu, à savoir : que le temps était trop mauvais pour allumer les feux règlementaires ; que sa faute s'aggrave de cette circonstance qu'il a abordé et coulé le bateau de pêche le *Jeune-Saint-Pierre*, de Barfleur ;

« Qu'il y a lieu de lui faire application de l'article 471, n° 15, du Code pénal ;

« Ouï le ministère public en ses conclusions ;

« Vu l'article 471, n° 15, dont lecture a été faite à l'audience, et qui est ainsi conçu :

« Seront punis d'amende, depuis 1 franc jusqu'à « 5 francs inclusivement, ceux qui auront contre-« venu aux règlements légalement faits par l'au-

« torité administrative et ceux qui ne se seront pas
« conformés aux règlements et arrêtés publiés par
« l'autorité municipale, en vertu des articles 3 et
« 4, titre X de la loi du 19-22 juillet 1791 ; »

« Attendu, enfin, que le défendeur, en commettant
la contravention dont il est convaincu, a encouru
l'amende prévue par la loi ;
   « Par ces motifs, jugeant en dernier ressort,
   « Condamnons contradictoirement le nommé Hue à
5 francs d'amende et aux dépens liquidés à 5 francs
25, compris l'enregistrement du présent jugement,
qui a été signé par nous et le greffier, les jour, mois
et an que dessus. »

---

*A Messieurs les Préfets maritimes, chefs du service
   de la marine, commissaires de l'inscription maritime, etc,*
                          Paris, 6 février 1867.

   « MESSIEURS,

   « Par suite à la circulaire du 29 décembre dernier, j'ai l'honneur de porter à votre connaissance
un nouveau jugement condamnant à l'amende et aux
dépens un patron pêcheur de Fécamp qui avait
contrevenu au décret du 25 octobre 1862 sur
l'éclairage des navires.

« Vous remarquerez que l'armateur du bateau de pêche a été déclaré civilement responsable des condamnations prononcées contre le patron.

« Voici le texte de ce jugement, qui porte la date du 20 décembre 1866 :

« Entre M. Arrachart, commissaire de police à Fécamp, remplissant les fonctions de ministère public près le tribunal de simple police, demandeur, d'une part ; et 1° le sieur Féras, Charles-Philippe, capitaine du lougre de Fécamp, *Moïse ;* armateur, le sieur Follin Edouard, demeurant en cette ville ; et 2° celui-ci, comme civilement responsable du patron de son navire.

« Suivant rapport dressé par les sieurs Lefranc, brigadier, et Levasseur, gendarme de marine à Fécamp, le 24 novembre dernier.

« Attendu qu'il résulte du rapport susdaté, qui est confirmé dans ses énonciations par les aveux du contrevenant, que, le 24 novembre dernier, il est entré au port de Fécamp sans être muni des feux règlementaires ;

« Attendu que le défendeur ne méconnait pas cette contravention ; qu'il allègue que jusqu'alors on tolérait pour les bateaux de pêche qu'il en fût ainsi ;

« Attendu qu'il convient, tout en appliquant la loi, d'user d'une certaine indulgence vis-à-vis de

Féras, ne serait-ce que pour lui tenir compte des promesses qu'il fait, ainsi que la partie responsable, de se conformer exactement à l'avenir aux prescriptions du décret précité, et qu'il est d'ailleurs certain qu'une condamnation, quelle qu'elle soit, dans cette circonstance, servira d'exemple et rappellera à l'exécution du règlement.

« Ouï le ministère public en ses conclusions; ouï le défendeur et son armateur en leurs explications;

« Vu le décret du 25 octobre 1862, *lequel ne contenant pas de clause pénale, rend nécessaire l'application de l'article 471, numéro 15 du code pénal;*

« Vu l'article 471, numéro 15 du code pénal, ainsi conçu :

« *Seront punis d'amende depuis un franc jusqu'à cinq francs inclusivement ;*

« *Ceux qui auront contrevenu aux règlements légalement faits par l'autorité administrative et ceux qui ne se seront pas conformés aux règlements ou arrêtés publiés par l'autorité municipale, en vertu des articles 3 et 4, titre XI de la loi du 16-24 août 1790, et de l'article 46, titre premier de la loi du 20-22 juillet 1791.*

« Vu pareillement l'article 162 du code d'instruction criminelle.

« Vu, enfin, l'article 226 du décret du 18 juin 1811.

« Attendu que le défendeur, en commettant la contravention dont il est convaincu, a encouru l'amende prévue par la loi.

Par ces motifs, jugeant en dernier ressort, condamnons contradictoirement le dit sieur Féras, envers la commune de Fécamp, en un franc d'amende et aux dépens, liquidés à deux francs trente-cinq centimes, compris l'enregistrement du présent jugement, qui a été signé par nous et le greffier, les jours, mois et an que dessus.

« Déclarons le dit sieur Follin, comme armateur, civilement responsable dudit sieur Féras, son patron.

« Recevez, etc.

> « *L'Amiral ministre secrétaire d'État au*
> *département de la marine et colonies.*
>
> « Signé : RIGAULT DE GENOUILLY. »

. . . .

Ceci connu, deux mots pour la discussion.

D'abord, c'est à tort que M. de Chasseloup-Laubat, ministre de la marine — et malgré l'avis de son collègue M. le ministre de la Justice — vient prétendre que le décret du 25 octobre 1862 n'a pas de sanction pénale, et qu'aucune disposition répressive des réglements maritimes — notamment du décret-loi du 24 mars 1852, — ne se trouve applicable aux infractions dont il s'agit. Ainsi qu'on l'a vu plus haut, il y a la circulaire du 30 octobre 1857, toujours en vigueur, qui prévoit le cas, mais qui n'a jamais été appliquée, comme nous l'avons dit.

En second lieu, que faut-il entendre par règlements faits par l'autorité administrative et les règlements et arrêtés publiés par l'autorité municipale, termes renfermés dans les deux jugements précédents et auxquels fait allusion la circulaire du 29 décembre 1866?

1° Les règlements faits par l'autorité administrative dont parle le Code pénal, sont ceux qui émanent soit du ministre de l'intérieur, soit des préfets des départements. Ce sont avant tout et surtout des règlements de droit commun, soumis à la loi commune, à la loi ordinaire.

2° Les arrêtés municipaux sont ceux qui émanent des maires, d'après l'article 11 de la loi du 18 juillet 1837, sauf les attributions exceptionnelles des préfets.

Telle est leur définition légale. Mais dans l'espèce qui nous occupe, c'est-à-dire en matière maritime, ces divers règlements ou arrêtés, visés par l'article 471, sont-ils applicables? Pas le moins du monde, parce que ni les préfets ni les maires ne sont compétents pour s'immiscer et s'occuper de ce qui touche de près ou de loin à la marine, en tant que *police de la navigation et administration.*

Quelles sont en effet les attributions d'un maire ?

Aux termes de l'article 11 de la loi du 18 juillet 1837, « le maire prend des arrêtés à l'effet 1° d'ordonner les *mesures locales* sur les objets confiés par les lois à sa vigilance et à son autorité ; 2° de publier des lois et règlements de police et rappeler les citoyens à leur observation. » (1) Voilà quel est le droit des maires, ni plus ni moins, droit tout-à-fait restreint, purement local, qui a toute l'autorité et les effets des lois générales, mais qui ne peut être étendu d'un cas à un autre.

En dehors de ces attributions, parfaitement désignées et limitées, le maire violerait la loi, l'arrêté qu'il prendrait serait nul de plein droit, juridiquement parlant, et il empiéterait sur les attributions du commissaire de l'inscription maritime, qui est la véritable autorité administrative représentant le département de la marine; en un mot, il y aurait excès de pouvoir et conflit d'attributions. Aussi, à notre avis, dans les deux jugements ci-dessus reproduits, et malgré l'opinion émise par Monsieur le ministre de la justice, a-t-on faussement interprété la loi, appliqué mal à propos l'article 471. Et vouloir, comme on le prétend, donner aux préfets ou

____

(1) Le raisonnement serait le même pour les préfets.

aux maires le droit de prendre des arrêtés relatifs à la police de la navigation, c'est absolument la même chose que reconnaître au commissaire de l'inscription maritime le droit de dresser un procès-verbal à un voiturier qui n'aurait pas son fanal allumé pendant la nuit, ou qui serait rencontré endormi sur sa charrette.

N'oublions donc pas ce principe fondamental que les arrêtés cessent d'être légaux lorsqu'ils ne portent pas sur des objets confiés à la *vigilance* et à *l'autorité* des maires; sinon tout ne serait que désordre, confusion, et le système des attributions respectives n'existerait plus. Ah! il en serait bien autrement s'il s'agissait d'une contravention à la police des ports et rades de commerce, qui dépendent de la grande voirie. Dans ce cas, les conseils de préfecture, les tribunaux de simple police et même les tribunaux correctionnels étant compétents, on appliquerait la loi ordinaire et les arrêtés et règlements émanant de l'autorité administrative.

Mais ici la contravention n'est pas de la même nature. En effet, un capitaine qui n'a pas ses feux allumés, pendant la nuit, commet une contravention à la police de la navigation. Or, comme la police de la navigation, pour la marine marchande, appartient — de par la loi — aux commissaires de l'inscription maritime et à ses subordonnés, tels que syndics des gens de mer, gardes maritimes, gendarmes de la marine, etc., il s'en suit que l'autorité administrative *ordinaire* n'a aucun droit à exercer sur les capitaines, sur ce qu'ils font ou ne font pas, sur ce qu'ils doivent faire ou ne pas faire à la mer; par suite elle ne peut édicter ou prendre des arrêtés qui prononcent une peine, quelque légère qu'elle soit, pour le cas échéant. « De là il suit, comme l'a dit un de nos plus grands auteurs criminalistes, que les juges de police, quand on leur demande de punir une infraction aux règlements de police, ont le droit d'examiner si ces règlements sont dans la sphère des attributions de l'autorité dont ils sont émanés, et sont conformes aux lois qui déterminent l'étendue et les limites de ses pouvoirs. Le droit de vérifier la légalité des règlements emporte nécessairement le droit d'examiner : 1º s'ils émanent d'une autorité compétente; 2º s'ils ont été pris dans le cercle des attributions de cette autorité 3º s'ils sont régulièrement exécutoires, etc.. Faustin Hélie, Code pénal, tome VI, page 354.

Si donc les préfets et les maires sont incompétents *ratione materiæ*; c'est-à-dire d'une manière absolue, pour réglementer et administrer la marine marchande, dès lors, ils ne peuvent faire ni règlements ni arrêtés la concernant. Par suite, l'article 471, nº 15, est inapplicable; car, comment contrevenir et violer ce qui n'existe pas et ne peut pas exister en aucune manière; donc, pas de peine, pas de sanction pénale, comme nous l'avons dit dès le début de la discussion.

Mais, allons plus loin, et admettons pour un instant — notre théorie étant supposée fausse, — que l'article 471 n° 15, soit applicable, que l'on puisse même suivant les circonstances, suivant la gravité du fait incriminé, ou le cas de récidive, invoquer l'article 474, qui condamne le contrevenant à la peine de un jour à trois jours de prison, cette sanction pénale, nous le demandons, serait-elle suffisante? La peine serait-elle, ici, proportionnée au dommage ou aux malheurs et aux pertes irréparables qui pourraient être la conséquence de la faute? Nullement. Cette peine si minime et si légère, édictée par l'article 474, n'est-elle pas de nature, au contraire, à encourager les capitaines à faire des économies regrettables, à ne pas allumer leurs feux la nuit, à apporter de la négligence dans leurs devoirs, à jouer le tout pour le tout, et à courir la chance de n'être pas pris en flagrant délit? Tels sont les faits dans toute leur simplicité et avec leur éloquente démonstration; aussi poser la question c'était la résoudre. Il faut dès lors — c'est une nécessité impérieuse et urgente — se mettre à l'œuvre promptement, réagir contre le mal invétéré et afin de le combattre avec succès ne pas craindre de frapper fort et de se montrer très sévère. Car, lorsque ces catas-trophes épouvantables se présentent, occasionnant d'un seul coup la mort de 2 à 300 personnes, l'opinion publique, se faisant le défenseur d'office de ces malheureuses victimes, demande énergiquement que les coupables soient punis et le soient sévèrement.

Il faut donc édicter une sanction pénale et infliger une punition pécuniaire et corporelle, à tout capitaine qui aura contrevenu à l'observation de la loi générale. Ce code pénal devrait être établi non-seulement en France, mais encore dans chaque pays maritime et être le même partout.

La création de ce code pénal international produirait les meilleurs effets pour l'avenir. Véritable épée de Damoclès suspendue sur la tête des capitaines, il stimulerait constamment leur vigilance et chasserait de leur esprit la négligence et l'incurie. Que l'on fasse une loi conçue de la manière suivante et l'on verra si l'on n'obtiendra pas de bons résultats :

« Art. 1er. — Tout capitaine qui n'aura pas ses feux règlementaires allumés, pendant la nuit, sera poursuivi devant les tribunaux maritimes, et passible d'un emprisonnement de six mois à un an et de 1,000 à 3,000 francs d'amende.

« En cas de mort, survenue à la suite d'un abordage arrivé dans ces conditions, il sera, après la peine subie, suspendu de ses fonctions pendant 5 ans.

« Art. 2. — L'officier sera également responsable, pendant la durée de son quart, à moins que le capitaine ne lui ait expressément donné l'ordre de ne pas éclairer les feux. »

Avec une loi pareille, qui peut sembler exhorbitante et draconienne au premier abord, les capitaines y songeraient à deux fois avant de naviguer sans avoir leurs feux allumés. Qu'ils remplissent leurs devoirs et leurs obligations, répondrons-nous. et ils n'auront aucune pénalité à encourir.

Il est vrai de dire également que le capitaine n'est pas toujours le seul coupable, et qu'une partie de la responsabilité doit retomber sur l'armateur, qui, pour une raison ou pour une autre, laisse partir ses navires avec une provision tout-à-fait insuffisante d'huile ou de bougies. Tout cela est vrai, mais on pourrait y remédier par le moyen suivant : ne laisser partir un navire que lorsque les employés de la douane auraient constaté qu'il y a à bord de quoi éclairer pendant une année, au moins, les deux feux, du coucher au lever du soleil. D'ailleurs, ce serait au capitaine à prendre tels arrangements qu'il voudrait avec son armateur. Car lui seul étant responsable aux yeux de la loi, il devrait prendre toutes les précautions necessaires pour ne pas être en faute.

Ceci étant ainsi établi, une question se présente : Faudrait-il punir le capitaine et l'armateur ou le capitaine seulement, en cas de contravention ?

Dans les lignes précédentes, nous n'avons parlé que du capitaine, et lui seul, à notre avis doit être puni. En voici la raison. Comment pourrait-on admettre que l'armateur, qui est à Marseille ou à Bordeaux, soit responsable de la négligence, d'un fait délictueux quelconque commis par son capitaine, en Amérique ou au Japon, surtout, si avant le départ du navire l'armateur l'a suffisamment approvisionné pour l'éclairage des feux pendant toute la traversée et au-delà ? Il en serait autrement, si l'armateur — comme cela se fait quelquefois de nos jours, non-seulement en France, mais aussi dans les autres pays — laissait partir son navire avec une quantité d'huile ou de bougie tout-à-fait dérisoire pour un long voyage, avec quarante litres d'huile, par exemple, pour une traversée de 8 à 10 mois, et qui — lorsque le capitaine observe qu'une si petite quantité ne peut lui suffire — répond invariablement cette phrase stéréotypée, fort courte il est vrai, mais d'une bien grande portée : *Partez, une fois en mer, vous vous débrouillerez,* » mettant ainsi le capitaine dans la dure alternative de quitter le commandement ou de l'accepter avec les conditions qu'on lui impose. (1) Que dans ce cas-là, on lui appli-

---

(1) *Partez, une fois en mer vous vous débrouillerez !* Mais que veut-on dire ainsi ? Est-ce une manière indirecte de faire comprendre à un capitaine de ne pas allumer les feux et de faire des économies ? Oh ! nous n'oserions le dire un seul instant.

que une peine sévère, très-bien : l'on aura mille
fois raison. Mais, si au contraire, l'armateur, comprenant ses intérêts, n'épargne rien pour l'armement
— et nous aimons à croire qu'il y en a beaucoup,
— s'il ne lésine en rien sur les dépenses nécessaires
pour la traversée, s'il approvisionne largement le

Est-ce lui dire qu'il en achètera, une fois parti ? Mais la chose est
très difficile. Comment faire à la mer, lorsqu'on se trouve entre ciel
et eau ? On ne rencontre, comme sur terre, ni marchand ni bou-
tique où on puisse s'approvisionner. Il ne faut pas songer non
plus à en demander aux navires que l'on rencontre en mer, pour
deux bonnes raisons : si le navire arrive d'un voyage et retourne en
France, ses provisions sont à peu près épuisées ; si, au contraire, il part
pour faire un voyage, il a lui-même grand besoin du peu qu'il a, et
se trouvant dans les mêmes conditions que vous, il ne peut vous rendre service.

Vous vous débrouillerez, cela veut-il signifier, que l'on en achètera
dans les différents ports où l'on relâchera, dans les colonies, dans le
pays pour lequel le navire est affrété ?

Mais si c'est là le sens que l'on donne à ces mots, nous répondrons
ceci : il arrive assez souvent que dans les pays lointains et sur divers
points de la côte on ne trouve pas toujours de la bougie ou de l'huile
de pétrole, et que l'on ne trouve que de l'huile de coco très mauvaise
à brûler. Dans ce cas, comment faire ? On se trouve ainsi pris au dépourvu et dans la nécessité de faire la traversée de retour sans avoir
les feux allumés. Mais donnons à ces mots le sens le plus favorable et
admettons que l'on puisse toujours se procurer en pays étrangers,
soit de la bougie, soit de l'huile de pétrole ou d'olive, le capitaine en
achètera, fort bien. Mais alors, pourquoi n'avoir pas fait cette dépense
au moment du départ de France, puisque cela revient au même ?

On n'imposerait donc — si l'on adoptait la mesure que nous proposons
— aucun surcroît de dépense aux armateurs, et au moins, l'on aurait
des garanties certaines pour la sûreté du navire et pour la vie des
hommes de l'équipage.

navire au point de vue du luminaire, oh ! dans ce cas-là, disons-nous, l'armateur ne peut être rendu responsable de la négligence du capitaine; par suite il ne peut être puni.

Enfin, quant à la manière dont on pourrait exercer une surveillance active sur les bâtiments de commerce, on y arriverait de la manière suivante :

Les navires de guerre, *de tous les pays*, auraient le droit, lorsqu'ils rencontreraient un bâtiment marchand naviguant sans feux la nuit, de l'arrêter, — le temps le permettant, bien entendu — et de dresser procès-verbal sur le rôle d'équipage, qui renfermerait une colonne spéciale. A l'arrivée au port, les coupables seraient punis par l'autorité compétente.

M. le capitaine de frégate Eugène Farcy, député à l'Assemblée nationale, dans son projet de loi sur les accidents et collisions en mer, présenté en janvier 1874, article 1er, avait proposé de mentionner la contravention sur le *journal du bord;* quant à nous, nous préférons la mention sur le rôle d'équipage, parce que cette pièce ne pouvant être remplacée ni contrefaite, et devant être présentée au commissaire de l'inscription maritime, on est ainsi à l'abri de la fraude ou de toute surprise; (1) tandis que pour le

____

(1) M. Paul Michel, capitaine au long cours de La Ciotat, qui nous fit l'honneur d'une critique, à l'époque où ce travail parut en feuilleton dans un journal de Toulon — du 15 août au 2 septembre 1875 —

journal du bord, le capitaine n'est tenu, d'après l'article 242 du Code de commerce, que de le *faire viser*, vingt-quatre heures après son arrivée, par l'un des juges du tribunal de commerce, ou par le maire ou son adjoint dans les ports où il n'y a pas de tribunal de commerce. Le capitaine peut à la rigueur empêcher le magistrat consulaire de le lire, de le feuilleter, attendu que ce droit ne lui a pas été strictement donné par la loi. Il peut arriver aussi que le juge ne remarque pas la mention du procès-verbal, si par exemple le journal du bord est assez volumineux etc. On pourrait encore mentionner la contravention et sur le journal du bord et sur le rôle d'équipage, au moyen de la signature et d'un timbre spécial qu'aurait chaque commandant de navire de guerre.

---

proposa un troisième système qui consistait à mentionner la contravention sur le *cahier des punitions*. Mais ce moyen n'est pas possible, parce que toutes les nations n'ont pas, parmi les pièces réglementaires du bord, un livret de punitions ; ainsi les Grecs, les Turcs, les Autrichiens n'en possèdent pas. Comment inscrire la contravention ? Tandis que toutes les puissances maritimes ont un rôle d'équipage.

CONCLUSIONS

Des observations et des critiques qui précèdent,
il résulte qu'il reste encore beaucoup à faire, et que
la question des feux, à bord des bâtiments, doit être
étudiée d'une manière très sérieuse et approfondie
par des esprits savants et compétents. Mais à quelque combinaison que l'on s'arrête, que l'on augmente
ou non le nombre des feux, que l'on maintienne ou
que l'on diminue l'amplitude du secteur, ou que l'on
introduise tout autre arrangement, on devra forcément admettre les points suivants, comme indispensables pour diminuer le nombre des abordages :

1° Eclairer les navires par l'arrière ;

2° Prendre certaines dispositions au point de vue
de l'emplacement *précis*, règlementaire des feux ;

3° Créer un Code pénal international, édictant des
peines très sévères en cas de contravention.

Oui, nous ne cesserons de le répéter, si l'on croit
insuffisant le nombre des feux, que l'on ne craigne
pas de l'augmenter et que l'idée d'occasionner de
nouvelles dépenses ne soit pas une raison assez
forte, assez plausible pour empêcher d'apporter des
perfectionnements et des améliorations à ce qui est

généralement reconnu vicieux et mauvais. Oui, nous
le reconnaissons très bien, si les navires à vapeur
étaient désormais obligés à avoir un feu de plus,
la dépense serait un peu plus forte, c'est incontestable. Mais, pour une dépense de 10 à 50 *centimes de
plus par nuit*, voudrait-on reculer devant l'adoption
d'un pareil système, dans le cas où on le jugerait
bon, utile et préférable à l'ancien ? Ne vaut-il pas
mieux faire une dépense de 150 à 200 francs par
année,.afin de naviguer avec sécurité et dormir sur
ses deux oreilles, que d'être constamment dans
l'anxiété la plus terrible, toujours sur le qui-vive et
ne jamais être sûr du lendemain ? N'est-il pas préférable, franchement, de faire cette faible dépense
que de perdre en un seul jour, dans un seul moment, des centaines de mille francs, des millions
même comme valent nos paquebots, et de faire engloutir des centaines de passagers ? Oh ! c'est alors
que l'on regrette amèrement ces économies de... bouts
de chandelles, disons le mot ; que l'on se repent de
n'avoir pas pris toutes les précautions commandées
par le bon sens et la prudence la plus élémen-
taire ; que l'on écrit des articles de journaux, que
l'on donne des conseils, que l'on propose ci, que
l'on propose là. Mais hélas ! tout s'envole en fumée.
L'accident passé, on ne pense plus à rien, et il faudra une nouvelle catastrophe, venant jeter le deuil
et la désolation dans de nombreuses familles, pour

rappeler à la société qu'elle doit travailler, chercher et perfectionner toujours. « *Laboremus* » ou plutôt modifions sans cesse et tâchons d'inventer, tel doit être le mot d'ordre et le but constant de nos efforts. N'oublions donc pas cette devise et ne nous décourageons pas. Si ce que nous proposons individuellement ne réussit pas d'un seul coup, peu importe ! Il est certain que notre idée en suscitera de nouvelles, qui à leur tour, produiront de nouvelles observations, et ainsi de suite. Ce n'est que pas à pas, et à force de patience, à force d'améliorer le lendemain ce qui n'allait pas bien la veille, à force de recherches et de tentatives que nous arriverons enfin à trouver la solution de ce grand problème qui intéresse à un si haut point l'humanité entière. Ce jour là, la science aura fait un grand pas, et elle pourra se montrer fière de sa belle et grande découverte.

CHAPITRE IX

De l'éclairage des navires chez les peuples de l'antiquité.

Nous croirions notre travail tout-à-fait incomplet, si nous ne disions quelques mots 1º sur l'éclairage des navires chez les anciens, 2º sur la lumière électrique employée de nos jours et 3º sur la statistique générale des naufrages, trois chapitres intéressants qui se rattachent étroitement à notre sujet.

L'origine de la navigation se perd dans la nuit des temps et est encore, de nos jours, à peu près inconnue. Les auteurs les plus anciens — entre autres Sanchoniaton, qui vivait 1,800 ans ou 2,000 ans avant J.-C. — loin de nous donner des renseignements précis, des descriptions exactes sur les débuts des premiers navigateurs, sur la forme de leurs navires, sur leurs voyages, sur le genre de leur navigation, ne nous racontent souvent que des légendes, des fables ou des suppositions. On dirait, en vérité, qu'à cette époque, le métier de *reporters* existait déjà, tant ils racontent volontiers ce qu'on leur dit, et non ce qu'ils voient. Quant aux monuments de l'époque, aux bas-reliefs, aux médailles et aux monnaies qui servent de pièces à l'appui et de jalons à l'historien pour tracer la vie d'un peuple et remonter à son origine, il n'en existe pas. Le temps, et surtout les divers cataclysmes produits par l'effondrement de ces différents empires qui, en s'écroulant, ne laissaient pas de traces de leur passage, ont tout détruit et tout effacé. Aussi, est-ce à des documents fort incomplets ou d'une exactitude douteuse, que l'on est réduit, quelquefois, à demander des renseignements sur tel ou tel point de l'histoire ou sur l'origine d'une institution quelconque, et c'est ce qui se présente justement pour le sujet qui nous occupe.

Les commencements de la navigation sont très peu connus, avons-nous dit plus haut. Cependant, nous savons aujourd'hui, grâce aux recherches infatigables de nos savants et aux rares ouvrages, ou tout au moins à certains fragments, heureusement arrivés jusqu'à nous, que les *phares* existaient chez les anciens. Ces *tours de feu* — c'est le nom que leur donnaient les Lybiens — élevées en grande quantité sur les bords de la Méditerranée, servaient de points de reconnaissance pendant le jour et guidaient les navires pendant la nuit.

.....Les Grecs attribuaient les premiers phares à Hercule. Les plus anciens que l'on connaisse sont les tours bâties par les Lybiens et par les Cuschites, qui habitaient les provinces de la Basse-Égypte. C'étaient aussi des temples qui recevaient le nom d'une divinité. Les marins les avaient en grande vénération ; ils les enrichissaient de leurs *ex-voto*

On suppose qu'elles renfermaient des cartes de la côte et de la navigation du Nil. D'abord dessinées sur les murs, ces cartes le furent ensuite sur le papyrus. Les prêtres de ces temples-colléges y enseignaient, dit-on, le pilotage, l'hydrographie et l'art de diriger la marche d'un navire d'après les constellations. Protée d'Egypte, près duquel une bourrasque poussa la flotte de Ménélas, ne serait pas le souverain qu'une tradition opposée à celle d'Homère nous représente comme l'un des rois de l'Egypte, mais bien un de ces colléges religieux et nautiques, au sommet duquel brûlait un feu continuellement entretenu.

Disons à ce propos que la méthode adoptée par les Lybiens pour éclairer leurs phares était assez grossière. Ils plaçaient leurs feux dans une machine en fer ou en bronze, composée de trois ou quatre branches représentant chacune un dauphin ou quelque autre animal marin, et reliées par des feuillages. Dans l'espèce de corbeille que formait cet enchevêtrement, on disposait le combustible. Cet instrument était fixé à l'extrémité d'une forte perche, dirigée vers la mer. De nos jours on voit encore des phares qui diffèrent peu de ceux des Lybiens. Ce sont les feux que les Japonais allument sur leurs côtes dans de simples hangars. (1)

(1) Lire sur les *Phares* un intéressant et instructif ouvrage de M. Renard, bibliothécaire au ministère de la marine.

192

D'après le baron de Zach, les Lybiens appelaient ces tours *tar* ou *tor*, ce qui signifie hauteur et aussi tour. *Is* veut dire feu ; de là on a composé *Tor-Is*, tour de feu. Les Grecs en ont fait τύρρις, les Latins, *turris*. Les constructions de ce genre qu'on élevait dans les villes, occupaient toujours l'endroit le plus proéminent, et se nommaient Bosrah, nom sous lequel on désigna plus tard la citadelle de Carthage. (1)

Des phares aux *fanaux*, il n'y a qu'un pas et il semble naturel que les premiers étant inventés, les autres devaient l'être tôt ou tard. Il n'en est rien, cependant. Au sujet de cette question — qui sert de pendant à la précédente — nous n'avons malheureusement pas de renseignements précis, ni des écrits certains sur lesquels on puisse s'appuyer, et c'est le cas de dire que l'on va tout-à-fait à l'aventure, que l'on navigue ici dans une obscurité profonde.

Le problème à résoudre est donc celui-ci :
Les anciens, c'est-à-dire les Grecs, les Romains, les Phéniciens et autres peuples de l'antiquité, éclairaient-ils leurs navires? en d'autres termes, avaient-ils des fanaux ou des feux quelconques pour pouvoir se reconnaître la nuit et éviter les abordages?

Nous ne le pensons pas, quant à nous, et cela pour plusieurs raisons. D'abord les navires de cette époque, étaient fort peu nombreux et marchaient

____

(1) Le baron de Zach, *Correspondance Astronomique*, tome VII.

lentement, allant la plupart du temps à la rame ; partant, peu de chances de s'aborder et nulle préoccupation pour les anciens de chercher un moyen d'éviter les abordages la nuit.

2° De plus, les anciens ne naviguaient *jamais* la nuit, — tous les auteurs de l'antiquité sont d'accord sur ce point. — Ils ne s'éloignaient pas des côtes, et, sitôt la nuit arrivée, ils se rapprochaient du rivage, jetaient l'ancre ou tiraient leurs navires à terre, par l'arrière, et attendaient le jour. (1) Ce n'est que par exception, lorsque la mer était calme, que la lune et les étoiles brillaient d'un vif éclat — qu'il faisait *clair de lune*, comme nous disons aujourd'hui — et qu'il n'y avait aucun danger à naviguer — parce qu'alors on pouvait se voir de loin — qu'ils se mettaient en route. Ainsi, nous trouvons dans Virgile plusieurs passages qui l'indiquent, entre autres le suivant, tiré de l'*Enéide*, livre III, vers 512 et suivants :

« La nuit, que conduisent les heures, n'avait pas encore atteint le milieu de son cours. Le vigilant Palinure se lève ; il *interroge* tous les vents d'une oreille attentive au moindre souffle de l'air. Il observe les astres qui roulent dans le silence des cieux,

(1) Pendant longtemps les Romains et les autres peuples construisirent leurs navires avec le fond plat. De cette façon, ils s'approchaient très près du rivage, parce que leurs bâtiments calaient peu d'eau, et qu'ils avaient ainsi plus de facilité pour les tirer à terre.

l'Arcture, les Hyades pluvieuses, les deux Ourses ; il contemple Orion, armé d'un or étincelant. *A la vue d'un ciel calme et serein*, il donne, du haut de la poupe, l'éclatant signal du départ.

« Soudain nous quittons le rivage, et reprenant notre route, nous déployons aux vents les ailes de nos vaisseaux. »

Ce passage n'indique-t-il pas suffisamment que ce n'est là qu'une exception, et que s'il avait fait une nuit obscure, au lieu d'un *ciel calme et clair*, on ne se serait pas mis en route, de peur de se jeter à la côte ou de s'aborder ?

Et cet autre passage n'est-il pas aussi explicite ? *Enéide,* livre VII, vers 6 et suivants :

« Voyant la mer calme, Enée fait déployer les voiles et s'éloigne du port. Un vent léger souffle aux approches de la nuit ; *la lune favorise* la flotte dé sa douce clarté, et la mer resplendit sous cette *tremblante lumière.* »

Toujours l'intervention de la clarté de la lune pour guider la flotte pendant la nuit.

3o Une troisième raison qui nous fait émettre l'opinion que nous soutenons, c'est que, *aucun* auteur de l'antiquité n'en parle. Ainsi Virgile, l'écrivain le plus compétent en fait de marine, Homère, Pline l'Ancien, Strabon, Polybe, Hérodote, Plutarque, Tite-Live, Ovide, Cicéron, Jules César, Florus, Quintilien et bien d'autres écrivains qui ont eu à parler de la mer, des navires, des voyages, des combats sur mer, dans leurs ouvrages, n'en font nullement mention. Or, il est certain que si l'éclairage à bord des navires avait existé à cette époque, on en trouverait la trace quelque part. On verrait la description du feu ou du fanal lui-même; on trouverait, en un mot, un passage quelconque qui pourrait faire comprendre ou soupçonner au moins la chose.

Cependant, certains écrivains de mérite, entre autres Coulier et M. Renard, de nos jours, s'appuyant justement sur les ouvrages des anciens, ont cru voir dans le passage suivant de Virgile : *Flammas quum regia puppis extulerat,* une allusion aux fanaux, et en ont conclu que les navires de l'antiquité étaient éclairés. Mais c'est là une erreur qu'il est facile de discuter et de combattre victorieusement. En effet, que faut-il entendre par ces mots : *Flammas quum regia puppis extulerat ?* Faut-il voir dans ce vers une allusion à des fanaux situés sur l'arrière du navire royal (le vaisseau d'Agamemnon), ou bien seulement un simple signal ? La réponse n'est pas douteuse. Il s'agit ici d'un signal convenu que l'on devait faire, à telle heure, à tel moment, et ce qui suit l'indique suffisamment. Car, ainsi qu'on le sait, tel mot, tel membre de phrase, pris séparément, peut avoir tel sons, et relié ensuite à ce qui suit et à ce qui précède, en avoir un autre tout-à-fait différent. C'est ce qui arrive ici. Voici le passage de Virgile; on jugera :

Énéide, livre II, vers 254 et suivants.

« ....Déjà, parties de Ténédos, les phalanges grecques voguaient en bon ordre, favorisées par la discrète clarté de la lune silencieuse, et se dirigeaient vers des rivages bien connus. Les flammes (d'une torche) brillent sur la poupe royale. (1) *A ce signal,* Sinon, que les destins ennemis ont protégé pour notre ruine, délivre furtivement les Grecs enfermés dans leur obscure prison, et le cheval ouvert les rend à la lumière... »

Comme on le voit, il s'agit d'une torche ou d'une flamme quelconque, que l'on montre momentanément. Le mot lui-même l'indique suffisamment, *ex ferre,* porter de bas en haut; c'est bien le mouvement du bras que l'on dresse en l'air pour mieux faire voir de loin le signal convenu. Virgile, qui est un peintre admirable et qui sait toujours choisir l'expression juste, aurait mis un autre mot, le verbe *posuerat,* par exemple, s'il avait voulu indiquer l'action de poser, de mettre en place un fanal ou tout autre instrument destiné à projeter une clarté.

____

(1) Mot à mot : lorsque la poupe royale avait élevé des flammes.

En 1840, M. A. Jal, historiographe de la marine, dans un savant ouvrage intitulé *Le Glossaire nautique*, s'est appuyé également sur un passage d'un auteur ancien, Florus, livre IV, chapitre VIII, ainsi conçu : « *Xerxes fugiebat, extincto pretoriæ navis lumine* » pour prouver l'existence des fanaux chez les anciens. Voici comment il le traduit : « Xerxès fuyait, ayant fait éteindre le *fanal* et tous les feux du vaisseau amiral. » En vérité, c'est là une traduction purement fantaisiste, une traduction à la Jules Janin, qu'on nous permette de le dire, et s'il n'y avait pas d'autres preuves plus précises et plus convaincantes, on ne serait pas édifié le moins du monde. En traduisant littéralement, mot à mot, nous avons : Xerxès fuyait, la *lumière* du vaisseau amiral ayant été éteinte. — Que signifie le mot *lumine*? Par *lumière*, l'auteur a voulu parler de la lumière qui se trouve dans *l'intérieur* du navire, ni plus ni moins. Or la fait éteindre, de crainte qu'elle ne paraisse par les ouvertures situées sur le côté du navire et qu'elle ne désigne à l'ennemi la présence du bâtiment qui fuit. Mais le mot *lumière* ne veut nullement indiquer ici le *fanal*, tel que nous l'entendons, c'est-à-dire une lumière devant être placée à l'*extérieur* du navire. C'est un mot pris dans un sens général et qui signifie lumière, clarté, voilà tout. Or, comme il s'agit pour M. Jal de démontrer péremptoirement que les fanaux existaient, ce seul mot vague et général ne suffit pas pour lui permettre de conclure d'un fait inconnu à un fait connu, c'est-à-dire à l'existence de l'éclairage des navires chez les anciens.

Avant de parler des Romains, nous aurions dû d'abord commencer par les Egyptiens, le plus ancien peuple de l'antiquité, les Phéniciens, les Assyriens et les Grecs ensuite.

Chez les Egyptiens, on trouve fort peu de détails. La marine et la navigation sont tout-à-fait dans l'enfance. Leurs premiers bateaux auraient été, d'après Hérodote, des barques faites de joncs ou de roseaux recouverts de cuirs ou de papyrus. Avec de pareils bâtiments, ils ne songeaient guère à l'éclairage.

Viennent ensuite les Phéniciens qui furent les plus habiles et les plus intrépides navigateurs des temps anciens. Ils créent des colonies. Tyr et Sidon deviennent deux ports très florissants. Les flottes de Phénicie sillonnent les mers et font le commerce d'importation et d'exportation sur une vaste échelle. Ici, le progrès commence à se faire sentir nettement, et nous trouvons dans les auteurs plusieurs descriptions qui nous donnent une idée de ce qu'était la marine à cette époque. Ainsi les bancs des rameurs étaient revêtus d'ivoire; des pavillons de soie flottaient aux antennes et les voiles étaient teintes avec la pourpre royale. Mais pas un mot sur le fanal ou sur un mode d'éclairage quelconque.

Plus tard, arrivent les Assyriens qui, constamment occupés par leurs guerres et leurs révolutions, songèrent fort peu à la marine. Ninive est peut-être la seule ville de commerce qui ferait présumer que les Assyriens aient eu quelque connaissance de la navigation.

Les Grecs, à leur tour, font faire de grands progrès à l'architecture navale. Ils inventent la *birème*, navire à deux rangs de rames, et la *trirème*, à trois rangs de rames, genre de navires légers et très élégants, relativement aux bâtiments lourds et disgracieux qui existaient avant eux.

Les Romains furent marins de fort bonne heure. Au point de vue de la construction navale, ils copièrent les Etrusques, les Liburniens et plus tard les Carthaginois. Mais, pas plus chez les Grecs que chez les Romains, aucune médaille, aucune monnaie de l'époque n'indique que les navires étaient éclairés.

Les auteurs, comme nous l'avons dit plus haut, sont également muets sur ce point historique.

Dans les premiers siècles de notre ère, et au moyen-âge ensuite, les *fanaux* ou du moins l'éclairage à bord des navires, existait-il ?

Là encore, même doute, même obscurité, et par suite, rien d'affirmatif à avancer.

Les peuples de la Méditerranée, dit M. Renard, se servirent pendant longtemps de la *trirème*, si bien adaptée aux besoins de la navigation. Au V⁰ siècle, c'est le *dromon* qui est en honneur, depuis les colonnes d'Hercule jusqu'au Palus-Méotide (Mer d'Azof), c'est-à-dire dans toute la Méditerranée. Le *dromon*, d'après l'empereur Léon, est un navire long, large en proportion de sa longueur, et qui porte de chaque côté deux rangs de rames superposés de vingt-cinq chacun.

Du cinquième au VIII⁰ siècle, aucune donnée certaine et pas de renseignements précis.

Les navires des mers du Nord, — scandinaves, saxons, etc. — du IX⁰ au XII⁰ siècle sont également assez mal connus. Tout ce que l'on sait, c'est qu'ils étaient à fond plat, afin de tirer peu d'eau et de s'approcher le plus près du rivage. Le *drake* ou dragon était le navire type de l'époque.

Enfin, le premier navire que nous trouvions muni d'un fanal, d'après une gravure, est un vaisseau normand, sous Guillaume-le-Conquérant, en 1086. A cette époque les vaisseaux étaient semblables par l'avant et par l'arrière. Faut-il en conclure que l'éclairage des navires remonte à cette époque, et doit être attribué aux Normands ?

Nous ne saurions nous prononcer catégoriquement à ce sujet, mais ce qu'il y a de certain, c'est que dans les autres pays, il était inconnu. Les chroniqueurs de l'époque n'en parlent jamais. Joinville, qui accompagna Saint-Louis en 1260 en Tunisie est, comme ses devanciers, complètement muet, et cependant la flotte, grâce au concours des Génois et des Vénitiens, comprenait *dix-huit cents* navires. Plusieurs gravures représentant des *nefs* du treizième siècle, ne font aucune mention du fanal ni sur l'avant ni sur l'arrière du navire.

Aux XIVe, XVe et XVIe siècles, les navires les plus célèbres sont les *caraques*, bâtiments d'un port considérable, puisqu'ils pouvaient porter jusqu'à mille et même mille quatre cents barriques.

Dans sa relation sur son voyage en Amérique, en 1492, Christophe Colomb ne parle nulle part d'éclairage. Or, nous savons que Christophe Colomb avait avec lui et sous ses ordres, trois *caravelles* munies de quatre mâts la *Nina*, la *Pinta* et la *Sainte-Marie* qu'il commandait, et qu'il mit 35 jours pour faire sa traversée de Palos à San-Salvador. N'est-il pas à présumer que si les fanaux avaient existé, il en aurait parlé quelque part, en voulant faire allusion au feu de telle ou telle de ses trois caravelles ? L'occasion ne lui manquait certes pas ; mais au lieu de cela, rien de rien ; que conclure dès lors ?

Au XVIIe siècle, en 1690, nous trouvons la *galéasse* qui, comme la *caraque* et les autres navires, portait un château sur l'avant et sur l'arrière. Les Vénitiens se servaient beaucoup de la *galéasse*, qui avait trois mâts et deux voiles latines et portait sur l'arrière trois énormes fanaux, très massifs, ciselés et en bronze doré.

Mais déjà, en France, on s'était occupé de la question ; on avait même règlementé l'éclairage à bord des navires. Colbert, et, après lui, son fils, avaient donné une vigoureuse impulsion à la marine militaire comme à la marine marchande. Il avait songé à tout.

La fameuse Ordonnance de la Marine du mois d'août 1681, reproduisant le règlement du 12 juillet 1670, disait, livre I, titre Ier :

« Article VII. Le vaisseau que l'amiral montera, portera pavillon quarré blanc au grand mât et les quatre fanaux. »

L'article 12 de l'ordonnance du mois d'avril 1689 ajoutait : « De ces quatre fanaux, trois doivent être surla poupe et le quatrième à la hune. »

———

Comme nouvel argument, favorable à notre thèse, citons deux descriptions fort détaillées et fort intéressantes, faites par des auteurs grecs. (1) C'est au sujet des *navires-géants* de l'antiquité, c'est-à-dire

(1) Autre raison, basée sur un fait historique.

Pourquoi Darius, en 492 avant J.-C., lorsque sa flotte, voulant doubler le mont Athos, fut assaillie par une violente tempête du nord, perdit-il 300 vaisseaux ? Parce que, très-certainement, les navires n'étant pas éclairés, ne pouvaient s'apercevoir la nuit, et se jetaient les uns sur les autres.

des navires qui dépassaient de beaucoup les autres,
en longueur et en largeur.

..... L'un des plus anciens de ces navires est la
galère d'Hiéron, qui, au dire d'Athenée, avait vingt
rangs de rames. Ce fut Archimède qui en donna les
plans. Trois cents charpentiers, accompagnés de leurs
aides, la construisirent en un an, et y employèrent
autant de bois qu'il en eût fallu pour bâtir *soixante*
galères ordinaires. Elle avait trois étages ou trois
ponts. Le plus bas servait à placer le lest et les
marchandises; dans celui du milieu, on trouvait
trente chambres de quatre lits chacune; enfin sur le
pont, un pavé en mosaïque représentait la guerre
de Troie. Au-dessus d'une partie du tillac, s'élevait
encore une sorte de galerie remplie d'arbustes et de
fleurs rares, au milieu desquels était à demi cachée
une dunette formant salon, pour les femmes, et
somptueusement parée en agate et en corail. Toutes
les parois intérieures de cette galerie étaient revê-
tues de boiseries délicatement incrustées d'ivoire,
d'argent et de nacre. Le navire renfermait une salle
commune, une bibliothèque et un corps-de-garde
pour les soldats, défendu par de grosses tours de
bois, remplies d'excellentes machines de guerre.
Cette galère monstrueuse était de douze mille tonneaux. Aussi n'est-il point surprenant qu'il ne se
soit trouvé dans toute la Sicile aucun port capable

de lui donner asile, si bien qu'Hiéron dut se décider à en faire hommage au roi d'Egypte. (Renard).

S'il faut en croire ce même Athenée et Plutarque, certain vaisseau de Ptolémée Philipator ne fut ni moins colossal ni moins splendide. « Sa longueur était, disent-ils, de 420 pieds, sa largeur de 60. Il était, depuis le fond, partagé en douze étages ; sa proue s'élevait de 72 pieds au-dessus de la mer. Un triple éperon armait l'avant de ses pointes bizarres. Quarante rangées de rames poussaient sa masse gigantesque ; celles du dernier ordre avaient 72 pieds de longueur, mais le manche, chargé de plomb, les maintenait en équilibre et faciles à mouvoir. Deux mille soldats garnissaient les plates-formes des tours ainsi que la galerie posée au-dessus des rames. Des bosquets, des parterres semés des fleurs les plus rares, peuplés des oiseaux les plus curieux, récréaient, par leurs couleurs variées, les regards de l'orgueilleux monarque ; les métaux les plus précieux rehaussaient sa poupe sculptée, et couraient en capricieuses astragales le long de ses vastes flancs ; ses voiles de pourpre, à la trame d'or, étincelaient tour à tour de leurs doubles reflets. Quatre larges avirons servent de gouvernails, coupaient de leur surface dorée les teintes chatoyantes du riche navire réfléchi dans les eaux. Assis sur un trône magnifique, qu'entouraient les seigneurs de sa cour couverts de leurs plus splendides vêtements, le roi présidait, au son des fanfares, à la navigation de cette masse imposante. (Renard.) » (1)

Après ces deux passages, peut-on encore avoir des doutes ? Comment ! on fait une description complète de ces deux navires extraordinaires, on les examine en détail, on les passe en revue des pieds à la tête, c'est-à-dire de l'avant à l'arrière, du haut jusques au bas, on décrit minutieusement leur intérieur comme leur extérieur, on énumère les métaux précieux qui ornent leur poupe sculptée, et l'on oublie de parler des fanaux qui, s'ils avaient existé, auraient été en rapport avec le reste, c'est-à-dire, somptueux, magnifiques, ciselés et faits de quelque rare métal ! Non, la chose n'est pas admissible.

Pourquoi les deux historiens grecs, n'auraient-ils pas fait comme Eugène Sue, qui dans son excellente *Histoire de France* dit, page 170, tome II :

« Au centre et dominant tous les autres navires, s'élevait le vaisseau de 80, les *Sept-Provinces*, sur lequel Ruyter avait mis son pavillon amiral. Ce vaisseau était alors cité comme le plus magnifique navire de la marine hollandaise et méritait cette réputation par la supériorité de sa marche et par la

____

(1) *Les Merveilles de l'Art naval*, par M. Renard.

profusion de sculptures dont on avait chargé les cinq étages de son château d'arrière, qui élevé d'une manière démesurée, était encore surmonté de *trois énormes fanaux* de bronze doré : de sorte que le couronnement de ce vaisseau, s'élevait presque à une hauteur égale et parallèle à celle des deux tiers de son grand mât. » (30 juillet 1666.)

Voilà ce qu'ils auraient dit si les fanaux avaient existé. Mais non, les historiens n'en disent pas le plus petit mot. Aussi, la conclusion naturelle que l'on peut et que l'on doit tirer, c'est qu'on n'a pas parlé de ce qui n'existait certainement pas.

Enfin, une dernière et bonne raison, la meilleure de toutes, peut-être, que l'on puisse donner, est celle-ci. En France, ce n'est que depuis le 14 octobre 1848 que les navires à vapeur de la marine marchande sont obligés de porter des fanaux règlementaires, et plus tard, par décret du 17 août 1852, les navires à voiles de la marine marchande, durent aussi s'y conformer. Or, si avant cette époque, on ne s'en servait pas, ou tout au moins, s'ils n'étaient pas imposés par la loi, c'est qu'ils n'étaient pas reconnus de première nécessité et indispensables pour naviguer la nuit. Et si jusques à ce moment là, — 17 août 1852 — on avait pû s'en passer, comment ne pas admettre qu'il a dû en être de même et à plus forte raison, il y a trois cents ans, cinq cents ans, deux mille ans, où la navigation était tout-à-fait dans l'enfance?

Telle est sur ce point notre opinion, que nous croyons basée, non seulement sur de simples probabilités, mais sur des raisons sérieuses et concluantes.

En résumé, que l'on fasse remonter l'éclairage des navires aux Normands, au 16e siècle ou bien avant, il est *certain*, d'après nous, qu'il était inconnu chez les premiers peuples de l'antiquité ainsi que dans les premiers siècles de notre ère.

DEUXIÈME OPINION.

Notre travail était sous presse et terminé, lorsqu'à force de faire des recherches et de consulter les auteurs anciens, nous avons trouvé un passage de Tite-Live qui semblerait contester et détruire en partie la théorie que nous venons de soutenir. Désirant avant tout que la vérité jaillisse, nous n'avons pas craint de la produire en l'accompagnant toutefois de quelques remarques critiques. Le pour et le contre étant ainsi donnés l'un après l'autre, il sera facile de voir, de juger, et de choisir quelle est la la plus vraie de ces deux opinions.

Voir le passage, livre XXIX, chapitre XXV.

«.....Le préteur Pomponius, chargé des vivres, en fit mettre dans les vaisseaux pour quarante-cinq jours, et sur la quantité, des provisions cuites pour quinze jours.

« Dès que tout le monde fut à bord, des embarcations parcoururent la flotte pour avertir le pilote, le capitaine et deux soldats de chaque vaisseau, de se rendre au Forum afin d'y recevoir les ordres du général. Quand ils furent tous rassemblés, Scipion leur demanda s'ils avaient embarqué l'eau nécessaire aux hommes et aux bêtes pour autant de jours qu'il y avait de blé. Ils répondirent que la provision était faite pour quarante-cinq jours. Alors il enjoignit aux soldats d'être dociles et paisibles, et leur défendit de troubler, par leurs cris, ou par aucune querelle, les manœuvres des matelots. Son frère, L. Scipion et lui-même devaient couvrir l'aile droite des bâtiments de transport avec vingt vaisseaux de guerre, et C. Lœlius, commandant de la flotte, avec Porcius Caton, alors questeur, protéger la gauche, à la tête d'une égale division. *Les vaisseaux de guerre durent avoir la nuit, chacun une lumière, les bâtiments de transport deux, et le vaisseau-amiral trois, pour se faire reconnaître.*

« *Lumina in navibus singula rostratœ, bina onerariœ haberent; in prœtorid nave insigne nocturnum trium luminum fore.* »

Peut-on conclure de ce passage, que tous les navires étaient habituellement éclairés ?

Nous ne le croyons pas. Ce n'est là, d'après nous, qu'une exception, et la preuve, c'est que si cela s'était fait auparavant et en temps ordinaire, pourquoi donner cet ordre, pourquoi l'imposer? C'était inutile.

Les pilotes ou les commandants de chaque galère et de chaque navire de transport devaient bien savoir ce qu'ils avaient à faire et être au courant de cette coutume. Est-ce qu'aujourd'hui, par exemple, lorsqu'un navire de l'État part pour un voyage, le ministre ou le préfet maritime dit : ce bâtiment devra porter, pendant la nuit, deux fanaux de telle et telle couleur? Non. Le navire part et le commandant, une fois à la mer, connaissant son métier, sait ce qu'il a à faire. Au contraire, la seule déduction logique que l'on puisse tirer de ce passage, c'est que d'ordinaire, lorsque les navires naviguaient isolément, et non en convoi, comme dans l'espèce actuelle, l'éclairage n'était pas employé.

D'ailleurs, ce passage en lui-même, laisse beaucoup à désirer au point de vue de la netteté et de la précision du fait qu'a voulu exprimer Tite-Live.

D'abord, il faudrait bien savoir ce qu'il entend par le mot *lumina?* Quelle était, ensuite, la durée de ces feux? Quand les mettait-on? Où les plaçait-on? L'auteur est complètement muet sur ces divers points.

Mais continuons à lire :

« *Ceterùm nebula sub idem ferme tempus, quo pridie, exorta, conspectum terræ ademit, et ventus, premente nebulâ, cecidit. Nox deinde incertiora omnia fecit ; itaque ancoras, ne aut inter se concurrerent naves, aut terræ inferrentur, jecére. Ubi illuxit, ventus idem coortus.* »

. . . .

« Mais il s'éleva, comme la veille, une brume qui déroba la vue de la terre et qui *fit tomber le vent.* Là nuit qui survint augmenta l'incertitude, et l'on jeta l'ancre, dans la crainte que les vaisseaux *ne vinssent à s'aborder* ou n'allassent échouer sur le rivage. Le jour ramena le vent. »

. . . .

Comment expliquer clairement ce passage qui est assez contradictoire avec ce qui précède ? En effet, le vent est tombé, la mer est belle, calme peut-être, et l'on craint que les navires ne s'abordent entre eux ? Mais puisque les navires étaient munis d'un ou de deux fanaux, il n'y avait rien à craindre ; ils pouvaient s'apercevoir à une certaine distance, et comme ils devaient aller à la rame, faute de brise, ils marchaient relativement assez lentement, et par suite, il leur était facile de s'éviter.

Une autre remarque se présente aussi :

Scipion l'Africain, auquel fait allusion ce passage, vécut de 235 à 184 avant Jésus-Christ.

Tite-Live, l'historien, né en 59 avant J.-C., mourut en 17 après J.-C.

Comment se fait-il que d'autres écrivains, ayant existé après Tite-Live, par exemple :

1° Pline l'Ancien, historien et géographe distingué, né en 23 avant J.-C., à Côme, et mort en 79 après J.-C.

2° Que Pline le Jeune, mort en 119 après J.-C.

3° Que Plutarque, historien grec très estimé, né en 50 après J.-C. et mort en 120 après J.-C.

4° Que Ovide, né à Sulmone, 43 avant J.-C., mort à Tomes, près des bouches du Danube, en 18 après J.-C.

5° Que Quintilien, né vers l'an 42 après J.-C. et mort en 104 après J.-C.

6° Que Athénée, écrivain grec, né en 170 et mort en 222 après J.-C., que nous avons cité plus haut au sujet des *navires-géants*, et tant d'autres auteurs, n'en aient rien dit ?

La chose n'est-elle pas surprenante? Ne doit-elle pas faire naître le doute sur la question?

Du reste, en admettant que cette opinion fût vraie, il resterait encore à savoir si l'éclairage à bord des navires existait ou non antérieurement à l'an

200, époque où vivait Scipion l'Africain, c'est-à-dire de l'an 200 à l'an 3 ou 4,000 avant J.-C.?

Enfin, ne peut-on pas aussi dire — pour concilier ces deux opinons — qu'il en a été de l'éclairage à bord des navires comme de bien d'autres inventions?

Inventé dès les âges les plus reculés, l'éclairage exista pendant quelque temps, disparut ensuite, et ne fut *retrouvé* que plusieurs siècles après?

Cette troisième opinion, très-vraisemblable, peut aussi très-bien être admise.

CHAPITRE X

Lumière électrique.

Depuis ces dernières années, l'éclairage électrique
a pris une grande extension. La lumière électrique,
il faut le reconnaître, est incontestablement le
meilleur et le plus puissant système d'éclairage
connu de nos jours. On est arrivé à produire une
lumière dont l'intensité équivaut à 5,000 becs carcel,
visible à 27 milles par temps clair. Appliqué d'abord
sur terre et pour la première fois, à titre provisoire,
le 26 décembre 1863, sur l'un des phares de la
Hève — celui du sud, — près du Havre, ce système
donna des résultats qui dépassèrent de beaucoup
l'espoir qu'on en avait conçu. On fut enhardi par ce
succès, et sur la proposition d'une commission
nommée à cet effet, les deux phares de la Hève
furent éclairés, par décision ministérielle, le 2
novembre 1865. Plus tard, le 13 mars 1867, on
essaya d'utiliser cette précieuse découverte, pour
les besoins de la navigation, à bord des navires.
Plusieurs expériences, faites à différentes reprises,
soit sur des navires de guerre, soit sur des paquebots, donnèrent toujours des résultats très satisfaisants.

Mais à côté de ces grands avantages, l'éclairage électrique présente de si grands inconvénients inhérents au système, que l'on peut dire — sans craindre de se tromper beaucoup — que son application sera forcément limitée. Praticable, utile, nécessaire même sur les navires de l'Etat et sur les paquebots qui y gagneraient assurément, il est malheureusement impraticable — vu le prix excessif, la complication du système et l'emplacement nécessaire pour son installation — sur les navires marchands, même d'un tonnage fort élevé, et c'est justement la solution contraire à laquelle il faudrait arriver. Or, tant que ce but ne sera pas atteint, tant qu'il ne sera pas à la portée de toutes les bourses, grandes et petites, ce système d'éclairage tout beau et magnifique qu'il est, fera, il est vrai, l'admiration des curieux ou des promeneurs qui pourront contempler du quai les superbes expériences faites sur nos rades de Cherbourg et de Toulon, mais il restera dans la pratique, à l'état de lettre morte et sera, par suite, complètement inutile ou à peu près, pour les besoins de la navigation. (1)

Nous allons indiquer maintenant les magnifiques résultats obtenus dans les diverses expériences;

(1) Dernièrement encore, le 11 et le 23 août 1875, des expériences fort intéressantes ont été faites à bord du vaisseau-amiral le *Magenta*, dans la rade de Toulon.

nous énumérerons ensuite les graves et nombreuses raisons qui viennent contrebalancer, victorieusement peut-être, l'efficacité de cet appareil et en empêcher l'adoption générale. Nos lecteurs nous sauront gré de reproduire les précieux documents donnés sur cette invention par un journal du Havre et de céder ensuite la parole à l'excellent recueil des *Annales du sauvetage maritime.*

Nous trouvons dans le *Courrier du Havre* les renseignements suivants sur les essais faits à bord du yacht le *Jérome-Napoléon*, le 13 mars 1867, au Havre, et à la mer dans les premiers jours d'avril :

« L'électricité est produite par une machine mise en mouvement au moyen d'une chaudière Belleville. La machine se compose de disques en cuivre, sur lesquels sont superposées des bobines ou hélices. Dans l'intérieur des hélices se trouve du fer doux. Les disques, placés sur un axe, ont un mouvement de rotation d'environ 400 tours à la minute au milieu de faisceaux aimantés. Les hélices dans leur rotation, s'emparent du magnétisme des aimants, et, sur deux points quelconques de ces appareils on vient recueillir l'électricité, qu'on conduit par des fils de cuivre au *régulateur* des crayons, entre lesquels jaillit la lumière. (1) Le foyer lumineux est renfermé dans un

---

(1) Les corps les plus durs, les plus réfractaires entrent en fusion quand on les place en présence des étincelles qui jaillissent des deux

cylindre qui peut se mouvoir de haut en bas et de droite à gauche. Un réflecteur parabolique, ou une lentille, suivant le cas, sert à augmenter l'intensité de la lumière.

« Ces appareils, construits par M. Auguste Berlioz, directeur de la compagnie l'*Alliance*, étaient primitivement destinés aux phares de la Hève.

« Le foyer électrique placé à bord du *Jérome-Napoléon*, amarré dans le bassin du Havre, projetait sa lumière sur la place Louis XIV. Les enseignes des magasins, les fenêtres des maisons ont tour à tour été inondées de cette clarté, presque aussi brillante que celle du soleil.

« Le 1er avril, le yacht le *Jérome-Napoléon*, commandé par M. le capitaine de vaisseau Georgette

pôles de la pile. Un seul, le charbon tel qu'on le trouve dans les cornues à gaz, résiste à cette fusion et subit simplement une sorte de désagrégation peu sensible.

C'est avec ce charbon que sont faits les crayons employés dans la machine électrique. Tant que les deux pointes des crayons sont placées à deux ou trois millimètres l'une de l'autre, il se produit une lumière très vive et très éblouissante; mais elles finissent par s'user petit à petit, et, la distance devenant trop grande, l'intensité du courant diminuerait et par suite, il y aurait affaiblissement de la lumière. Pour obvier à cet inconvénient, M. Foucault eut le premier l'idée de placer les 2 crayons dans un système, nommé *régulateur*, qui, à l'aide d'un certain mouvement, ingénieusement combiné, les maintient toujours à la distance voulue. Plus tard, le régulateur fut modifié et perfectionné par divers physiciens, notamment par M. Dubosc et M. Serrin.

Dubuisson, ayant à son bord S. A. I. le prince Napoléon, est sorti du port et s'est dirigé vers l'Angleterre. Les essais de lumière électrique ont eu lieu d'abord sur la rade de Cowes. L'effet de la lumière électrique a été tel, que les passagers du yacht pouvaient lire parfaitement à 2 kilomètres du bord. A 800 mètres, les personnes et les maisons étaient suffisamment éclairées pour être vues très-distinctement sans le secours d'aucun appareil.

« La queue lumineuse projetée au loin par la lumière sur la rade de Spithead s'étendait à plus de 3 milles, visible de tous les points à plus de 6 milles. En entrant dans les rayons lumineux, on voyait d'abord un soleil bleu comme le feu de Bengale, puis vers le centre des rayons, la lumière devenait rougeâtre et étincelante. Depuis le départ, l'appareil marche tous les soirs avec la plus grande régularité, attestant ainsi son caractère pratique. Avec cette lumière, un navire à voiles est vu par la nuit la plus noire à plus de 2 milles. Quant au navire qui porte la lumière, si son corps reste dans l'obscurité, son feu a une très-grande portée, limitée seulement par la hauteur de l'observateur au-dessus de l'horizon. Un navire l'apercevrait au moins à 9 milles. Mais de la Hève on la distinguerait à 30 ou 40 milles et l'on pourrait, à cette distance, correspondre par les intermittences de la lumière et par des signaux complets.

« Ces curieuses expériences ont été répétées devant Portsmouth, Ryde et Southampton. En sortant la nuit de ce port, pour se rendre à l'île de Wight, le *Jérome-Napoléon* s'est servi de la lumière électrique pour reconnaître les navires mouillés en rivière et le balisage des bancs. Il a pu successivement reconnaître toutes les balises et toutes les bouées. Enfin, en arrivant au mouillage de Cowes, cette même lumière a permis au yacht de distinguer tous les navires, de passer entre eux et de mouiller avec autant de précision qu'en plein jour. Le pilote anglais se servait lui-même de la lumière, après avoir tout d'abord exprimé peu de confiance dans cet appareil nouveau. Après avoir achevé cette première série d'essais, qui présagent une transformation prochaine et radicale dans le système d'éclairage des navires, le *Jérome-Napoléon* est entré au Havre le 8 avril. »

Donnons maintenant le rapport officiel adressé au ministre de la marine et des colonies par M. Marcq Saint-Hilaire, lieutenant de vaisseau, officier d'ordonnance du ministre, sur l'expérience d'éclairage électrique faite à bord du yacht le *Jérome-Napoléon* :

« L'appareil complet se compose : 1º d'une machine magnéto-électrique, nécessitant un espace de 2 mètres de long, sur 1 mètre 50 dans les autres sens, donnant 400 tours à la minute; à bord du yacht, elle reçoit son mouvement d'un treuil à vapeur, de six chevaux environ, alimenté par les grandes chaudières, ou par une petite chaudière Belleville ; — 2° d'une lampe électrique placée dans un tube de 40 centimètres d'ouverture dont la lumière, par réflexion sur un miroir ou en traversant une lentille, est dirigée suivant l'axe du tube, auquel on peut donner une direction quelconque ; la durée des rayons est de quatre minutes.

« Les expériences ont été faites sept soirs de suite pendant deux heures environ. Quoique l'inventeur ne fût pas à bord, l'appareil a bien fonctionné sous la seule direction du chef de timonnerie ; il ne s'est produit que quelques extinctions de courte durée, provenant de défauts de détails dans la lampe, faciles à corriger. On ne peut mieux comparer l'effet de l'appareil qu'à celui d'une puissante lanterne sourde ; c'est une trainée lumineuse, d'intensité et de couleurs variables ; l'espace éclairé est peu étendu. Projetée sur les objets, surtout s'ils sont blancs, tels que voiles, elles les rend visibles à la distance de 1,000 à 1,200 mètres. Une seule expérience en marche a été faite ; ce fut pour descendre le chenal balisé de Southampton à Cowes. Le pilote se plaignit d'abord de la lumière qui était dirigée sur l'avant ; on la projeta en l'air, elle ne le gênait plus, et lui-même, quelque temps après, s'en servait pour chercher et suivre les bouées et mouiller le bâtiment près de terre à côté d'autres navires.

« Des ouvriers ont été éclairés à Southampton pour des travaux de nuit; ils ne se sont pas plaints de la lumière. Pour les personnes qui sont à bord, la lumière ne devient gênante que lorsqu'elle est projetée sur un objet très-voisin. Pour les personnes du dehors se trouvant dans l'espace éclairé, à la distance de 2,000 mètres, il leur est facile de lire même une écriture assez fine; elles ne sont éblouies que si elles fixent le foyer lui-même. Je ne crois pas qu'elles puissent le confondre avec un phare, à cause du scintillement, de la coloration et de la mobilité de la lumière; l'erreur aurait peut-être chance de se produire à des distances plus grandes; le navire leur est complètement invisible même d'assez près, elles ne peuvent avoir une idée de sa distance. Les personnes placées en dehors de la direction n'aperçoivent que la traînée lumineuse, qui n'a rien d'éblouissant.

« Tout ce qui précède se rapporte à l'emploi de la lentille; avec le réflecteur, la lumière est moins intense, l'espace éclairé plus étendu, ce qui est préférable pour les petites distances.

« *Conclusion.* — Ne serait-ce que pour ce seul usage pratique qui en a été fait à bord du *Jérome-Napoléon*, je crois qu'il serait bon de soumettre l'appareil à des expériences plus complètes. Comme moyen d'empêcher les collisions en mer, il m'est difficile de donner une opinion définitive sur l'emploi qu'il y aurait à en faire ; je n'oserais même assurer que la chose soit possible ; peut-être obtiendrait-on un bon résultat, en ayant le feu dirigé d'une manière permanente sur l'avant comme indication de la route.

« La meilleure manière de se rendre compte de tout le parti possible à tirer de l'instrument et aussi de ses inconvénients ainsi que des règles qu'il y aurait à établir sur son emploi, serait d'en délivrer à deux bâtiments de l'escadre ; une campagne de quelques mois présenterait toutes les occasions de les expérimenter à tous les points de vue ; peut-être leur trouverait-on des utilités dont on n'a pas l'idée, reconnaissances de côtes, tirs de nuit, etc.

« La machine pourrait être mise dans le faux-pont ; la place de la lampe devrait être sur le gaillard d'avant, le plus loin possible ; rien n'empêcherait de la démonter quand on n'en ferait pas usage.

« Les deux appareils coûteraient environ 20,000 francs.

« En résumé, il me semble que les chances d'utilité sérieuse et pratique sont assez grandes pour qu'il soit donné suite aux expériences, et l'escadre me paraît être l'endroit le plus convenable pour les faire aussi complètes que possible. »

Voici maintenant le rapport adressé en septembre 1868, par M. de Bocandé, capitaine du paquebot le *Saint-Laurent* :

« L'appareil magnéto-électrique placé à bord du *Saint-Laurent*, paquebot de la Compagnie générale transatlantique, sort des ateliers de MM. Aug. Berlioz et Compagnie. Il en existe de semblables sur deux bâtiments de l'État et dans plusieurs de nos phares. (1) Nous avons placé cet appareil dans la chambre des machines, où il est mis en mouvement par un petit cheval portant une poulie d'un mètre de diamètre, ce qui lui permet d'imprimer à l'appareil une vitesse de 400 tours à la minute, condition excellente pour la production de l'électricité. En tout temps et en tout lieu, le navire en marche ou non, nous avons la lumière à notre disposition.

« Au Hâvre, à Brest, à la mer, à New-York, nous avons fait un grand nombre d'expériences qui ont vivement intéressé tout le monde.

« A douze cents mètres, nous apercevions les petites bouées blanches des corps-morts de la rade de Brest, à lire leurs numéros ;

(1) Les phares éclairés par la lumière électrique sont les deux phares du cap de la Hève, près le Havre, et le phare du cap Grisnez. Les phares de la Hève sont situés à 08 mètres l'un de l'autre et à 121 mètres au-dessus du niveau de la mer.

« A New-York, des personnes qui se tenaient dans le rayon de notre lumière, sur la rive opposée de l'Hudson, lisaient les journaux ;

« A la mer, nous avons distingué, à près d'un mille, les couleurs des pavillons, et par suite su le nom d'un grand trois-mâts anglais ;

« A New-York, j'ai pu accoster le *wharff* (1) de la Compagnie et m'y amarrer ; en appareillant de Brest pour le Havre, par une nuit noire et pluvieuse, j'ai dirigé la lumière sur le gaillard d'avant, et mes hommes ont exécuté la manœuvre des amarres comme en plein jour.

« Sur le banc de Terre-Neuve, avec une brume épaisse, je distinguais de l'arrière les hommes de veille aux bossoirs, soit à 111 mètres

« De l'avant, j'aurais certainement aperçu les voiles d'un navire ou un *ice-berg* (2) à deux ou trois fois cette

(1) On appelle *wharff*, en Amérique, une jetée en bois qui sert à l'embarquement des marchandises et qui correspond à ce que l'on appelle en France l'estacade.

(2) On appelle *ice-berg* (prononcez aïs-berg) une grosse masse de glace flottante, mesurant 150 ou 200 mètres de hauteur, et changeant de position suivant le courant et la direction des vents ; aussi les marins doivent-ils veiller constamment pour ne pas être abordés et pris entre deux de ces montagnes ; les navires seraient infailliblement coulés ou broyés. Sous l'action du soleil — au mois de juin surtout — ces masses de glace se fondent, se disloquent, se brisent en tous sens, et éclatent quelquefois en produisant une détonation épouvantable, que l'on peut comparer à celle d'une forte décharge d'artillerie

distance. Quant au navire venant à contre-bord, il est hors de doute pour moi qu'il aurait vu de plus loin encore notre puissant rayon lumineux. Avant que l'expérience l'ait prouvé, il n'est pas permis de dire qu'avec cette lumière les abordages en temps de brume sont impossibles pour les steamers; mais j'affirme qu'elle est un gage de sécurité. Il est évident qu'avec une bonne surveillance et une manœuvre rapide, on pourra, sinon éviter complètement une collision, tout au moins parer à un abordage debout au corps, lequel est presque toujours suivi d'un désastre. Au moyen d'un fil enduit de gutta-percha, nous avons promené la lampe partout, dans les chambres des machines, sur le pont, dans les cales, sur notre wharff, et constaté que nous pourrions travailler de nuit comme de jour.

« J'ai remplacé le feu blanc règlementaire du mât de misaine par une lampe électrique, mise en communication avec les fils de la lampe tournante de la passerelle. Nous pouvons par un simple tour de clef, avoir instantanément la lumière en tête du mât ou sur la passerelle, suivant les besoins. _

C'est ce que l'on appelle la *débâcle*. Les débris forment alors d'immenses banquises — nommées *champs de glace* ou *ice-fields* — ayant parfois plusieurs kilomètres d'étendue, et un mètre au dessus de l'eau.

C'est surtout vers le nord de l'Amérique, sur les côtes du Spitzberg, du Groënland et de la Nouvelle-Zemble que l'on rencontre fréquemment des *ice-berg*.

« Comme lumière permanente, la tête du mât de misaine est incontestablement la meilleure place. On peut être assuré que l'application de la lumière électrique aux bateaux à vapeur sera un grand bienfait apporté à la navigation. La dépense se résume à l'achat de l'appareil et accessoires. Le peu de vapeur consommée est chose insignifiante pour un steamer.

« Quant aux crayons de charbon, on en consomme pour 75 centimes à 1 franc par nuit. Les avantages que procure cette merveilleuse lumière sont : d'être aperçue de très loin pendant les nuits claires ; à une distance de plusieurs milles, par nuits brumeuses, et à une distance indéterminée par une brume épaisse, mais assurément suffisante pour diminuer, dans une grande proportion, les chances d'abordage; de voir les bouées, balises ou tous autres points de repère à l'entrée des ports et de pouvoir y entrer par les nuits les plus obscures, d'avoir à sa disposition une lumière puissante et transportable pour éclairer des travaux de nuit ou des réparations d'avaries à la mer. De permettre de porter secours à un navire en détresse, sans s'exposer à perdre hommes et canots.

« Enfin, de pouvoir établir des signaux de nuit par la combinaison d'éclipses et de la direction du rayon lumineux, à l'aide desquels les steamers pourront communiquer, à une grande distance, entre eux ou avec les côtes.

« Les Américains sont des gens essentiellement pratiques et amis du progrès ; ils ont suivi avec un vif intérêt les expériences faites sur le *Saint-Laurent*, et ils ont compris de suite tout le parti qu'on pourrait tirer de cette bienfaisante lumière. Je termine cette lettre, déjà bien longue, par quelques recommandations indispensables au bon fonctionnement de la lumière électrique.

« Il faut avoir soin de placer l'appareil magnéto-électrique dans le sens longitudinal du navire, parce que dans le sens transversal, les roulis lui sont nuisibles.

« Il est à désirer qu'il soit placé dans la chambre des machines, afin que le mécanicien de quart l'ait sous les yeux.

« Il est très important que les lanternes soient disposées de façon à mettre les lampes complètement à l'abri de l'humidité saline, qui altère promptement leur bon fonctionnement. Il faut que les lanternes, lorsqu'elles sont placées en position de recevoir les embruns, soient garanties du contact de l'eau salée, qui est conductrice et occasionne des pertes d'électricité et des perturbations.

« Enfin il est important que les fils conducteurs soient enduits de gutta-percha et recouverts d'une toile. »

. . . .

Le 5 mars 1868, le *Jérome-Napoléon* se trouvant sur rade de Toulon, avait employé avec succès ce mode d'éclairage dans une circonstance fort émouvante. Vers les neuf heures du soir, pendant que l'on hissait une baleinière à bord du yacht, trois hommes, embarqués dedans pour crocher les palans, les laissent échapper; l'embarcation tombe et s'en va en dérive. Le temps était fort mauvais et l'obscurité profonde. Toutes les recherches que l'on fit immédiatement, furent inutiles. Comme dernière ressource, on alluma le feu électrique qui se trouvait à bord, et quelle ne fut pas la joie de l'équipage, lorsqu'on aperçut la baleinière sauvée et hissée aux porte-manteaux d'un navire à vapeur égyptien qui se trouvait à mille mètres de distance.

Enfin, parmi les travaux les plus récents ayant trait à l'application de la lumière électrique pour l'éclairage des navires — il faut citer en première ligne celui de M. le capitaine de vaisseau Trèves, l'un des officiers les plus distingués de la marine française, qui fait autorité dans la matière.

L'honorable commandant a adressé à l'Académie des sciences un rapport fort intéressant, qui a été lu le 17 août 1875, sur « un mode de signaux propre à diminuer la fréquence des abordages. » Ce système sera-t-il adopté? Nous le désirons vivement. Est-il facilement praticable, peu coûteux, à la portée de tout le monde? Nous l'ignorons complètement.

Une commission a été nommée qui devra à la suite des expériences, faire un rapport au ministre de la marine. Quoiqu'il en soit, nous allons citer deux passages du rapport pour indiquer le système proposé par le commandant Trèves, laissant au lecteur le soin de résoudre le problème et d'exprimer son opinion, à l'abri de toute influence.

Le commandant Trèves, partant de ce principe que les abordages proviennent le plus souvent de l'incertitude, de l'indécision où se trouve l'officier de quart d'un navire, sur la manœuvre que va effectuer le bâtiment que l'on aperçoit, a pensé qu'il faudrait trouver un moyen qui indiquât *instantanément* la manœuvre à faire dans pareille situation et voici ce qu'il dit :

« La solution la plus pratique, la plus brutale peut-être, nous semble résider dans l'application de l'électricité à l'inflammation instantanée d'un feu Coston vert ou rouge.

« Un feu vert apparaissant subitement indique que le navire se jette sur tribord.

« Un feu rouge indique qu'il prend babord.

« Deux boutons de contact sont établis à demeure sur la passerelle de chaque bord.

« L'officier de quart a commandé « tribord » le timonier de passerelle presse le bouton de tribord et le feu vert apparaît dans tout son éclat.

« Avant la nuit, on a établi deux ou trois feux dans les petits chandeliers adaptés à demeure à chaque extrémité de la passerelle.

« Chacun de ces feux contient une petite amorce en fil de platine de 1|20e semblable à celle bien connue aujourd'hui de nos torpilles. Cette amorce est reliée avec les deux fils à demeure de la pile unique de 9 éléments Léclanché — Ruhmkorff ou d'un seul élément au bichromate de potasse. La première de ces piles ne *consomme que quand elle travaille*; son entretien est presque nul. La limite de sa durée, qui est considérable, est fixée par l'angle de la déviation que l'on fait subir, de temps à autre, à la grosse aiguille aimantée employée d'ordinaire à la mesure des courants de grande intensité. »

. . . .

Plus loin, le commandant Tréves, tout en recommandant ce système qui peut être employé dès à présent sur les navires à vapeur, espère, dans l'avenir, pouvoir employer la lumière électrique permanente, et arriver à des résultats encore plus satisfaisants.

« Je proposerai, dit-il, en temps et lieu, un jet constant de lumière électrique vertical.

« Chaque navire se signalera par une colonne lumineuse ; un panache lumineux dont l'inclinaison subite à 30 ou 40 degrés, à droite ou à gauche, indiquera le bord sur lequel on se jette.

« Rien de plus simple à réaliser qu'un pareil dispositif, même aujourd'hui. »

. . . .

Voilà pour l'actif. Voyons maintenant le revers de la médaille et les nombreuses raisons qui viennent ébranler fortement tout le mérite et les éloges pompeusement décernés à ce système par ses partisans. Comme le demandait M. Marcq Saint-Hilaire, dans son rapport au ministre de la marine, des expériences furent faites en novembre 1860, sur l'escadre de la Méditerranée par la frégate cuirassée l'*Héroïne*, munie d'une appareil électrique. A maintes reprises on se servit de cette lumière à la mer, au mouillage, soit pour éclairer la route des navires, soit pour faire différentes manœuvres. (1) Mais ici, l'opinion — tout à fait impartiale assurément — émise par les commandants de l'escadre, fut loin d'être favorable, tant s'en faut. Dans leurs rapports officiels, ils déclarèrent catégoriquement que si on continuait à leur imposer cet éclairage *ils ne répondaient de rien*, que la lumière était trop éblouissante,

____

(1) En novémbre 1860, à l'entrée d'Ajaccio, l'*Héroïne* se détacha de la file et éclaira les *Sanguinaires* — amas de rochers qui se trouvent à l'entrée d'Ajaccio. — L'escadre entra dans Ajaccio sans aucune difficulté et sans prendre le relèvement des feux de la côte.

que les objets situés à côté du faisceau lumineux ne pouvaient pas être aperçus et qu'il y avait danger à se servir de cet éclairage.

C'était clair, catégorique et on ne peut plus concluant. On ne se découragea pourtant pas. Au retour de l'escadre en 1870, on renouvela les mêmes expériences dans la rade de Toulon, aux appontements.

Plus tard, à Cherbourg, en août 1873, on continua les expériences à l'aide de deux appareils, l'un en tous points semblable à celui de l'*Héroïne,* qui avait fonctionné pendant le siége de Paris, et l'autre composé de 75 éléments Bünsen. On avait ainsi deux systèmes en présence, pouvant produire de la lumière électrique, soit par un moyen physique, soit par un moyen chimique.

Le but que l'on se proposait, dans ces expériences, était de savoir si l'on pourrait éclairer des ouvriers, la nuit, et remplacer avantageusement le gaz ou la bougie par la lumière électrique.

Il y eut deux expériences. A la première, on plaça les deux appareils dans un grand atelier de perçage, un à chacune des extrémités. Huit jours après, eut lieu la deuxième expérience dans une cale de construction, toujours avec les deux appareils.

Tout en reconnaissant plusieurs avantages à ce système, la commission constatait toujours — comme on l'avait fait déjà à Ajaccio, à la mer et dans toutes les expériences précédentes, — que la lumière est 'rès intense, il est vrai, mais qu'elle n'est pas diffuse; en d'autres termes, que les objets directement compris dans le faisceau lumineux sont très-bien éclairés, tandis que les points situés en dehors ou à côté sont dans une obscurité complète, en un mot qu'il n'y avait pas de pénombre. Ainsi, voici ce qui avait été remarqué dans la première expérience. Les membres de la commission ordonnaient aux ouvriers de percer des plaques de fer à certains endroits désignés par un point ou une marque quelconque: jamais, les ouvriers ne pouvaient y arriver juste, comme ils auraient pu le faire en plein jour ou s'ils avaient été éclairés à la bougie. Ils perçaient toujours à côté, parce que la moindre ombre qui s'interposait — ombre produite par la main de l'ouvrier, par le doigt seulement, ou par le poinçon de la machine — empêchait complètement de voir le point où l'on voulait percer. Dans la deuxième expérience, on constata également qu'une pièce de bois, éclairée par la lumière électrique, paraissait comme en plein jour, mais que le côté opposé était tout-à-fait dans l'ombre. Il y avait, par suite, danger pour les ouvriers à changer de place ou à marcher sur des échafaudages, car ils ne pouvaient, en aucune façon, voir l'endroit où ils mettaient le pied.

Voilà donc le pour et le contre parfaitement établis par des expériences dont les unes ont été favorables et d'autres, défavorables. Que conclure de tout cela?

et qui faut-il croire ? les uns disent oui, les autres disent non.

Telle est la question à résoudre. Abstraction faite pour un moment de tout ce qui précède, nous disons — et c'est là le point capital que nous voulons démontrer, — que l'éclairage électrique est *impossible* sur les navires marchands. Pour soutenir notre thèse, nous n'allons pas citer de nouvelles expériences et de simples opinions, personnelles ou étrangères, qui, venant combattre les avantages de cette invention, pourraient à la rigueur être taxées de suspicion ou d'opposition systématique. Mais nous allons donner — ce qui est préférable — de bonnes raisons, basées sur les inconvénients inhérents au système lui-même. Ce sont les suivantes :

1º Il faut d'abord de grands espaces pour loger les machines, pour mettre le charbon, l'huile, et pour conserver l'eau que consomment les machines.

2º Ces appareils, excessivement délicats, exigeraient au moins deux hommes spéciaux en plus, un mécanicien et un aide, soit pour faire les réparations, en cas d'avarie, soit pour faire le quart pendant la nuit, afin de surveiller le fonctionnement et la régularité de l'appareil. Or, tout le monde sait que les armateurs français, écrasés par les nombreux impôts qui pèsent sur la marine marchande, ne peuvent *tenir le coup* et soutenir la lutte avec les armateurs

étrangers qu'à la seule condition de faire de grandes
économies : situation qui explique pourquoi, sur la
plupart des navires marchands, le nombre des
hommes de l'équipage est si réduit. Comment
voudrait-on alors que les armateurs puissent adopter
ce genre d'éclairage, nécessitant au moins deux
hommes supplémentaires ?

3e Le prix très élevé de l'appareil, 18 à 20,000
francs, au moins, ne permet pas à tout le monde de
se le procurer. (1) Que de navires marchands, ne
coûtant certes pas ce prix, rendent à la fin de l'année
de jolis bénéfices à leurs propriétaires ? Ici, plus que
partout ailleurs, l'accessoire coûtant plus que le
principal, il est à présumer que cette invention aurait
peu de chance d'être favorablement accueillie par
les armateurs.

4° Au prix de l'achat, il faut ajouter maintenant
la dépense que l'on fait chaque nuit, pour le charbon,
les crayons, l'huile, et qui est en moyenne de 1 fr.
environ, ce qui fait à la fin de l'année l'intérêt de 7
à 8,000 francs, à ajouter au prix de l'appareil.

5° Aux objections précédentes vient s'en ajouter
une cinquième : à une grande distance, la lumière
électrique peut être confondue avec la lumière d'un
phare, ce qui peut amener des difficultés et des

(1) D'après des renseignements puisés à bonne source, la dépense
de tout l'appareil situé sur l'*Héroïne* s'élevait à 28,000 francs.

erreurs dans les calculs et les observations faites par les marins.

Telles sont les raisons qui viennent s'opposer et s'opposeront — probablement toujours — à l'adoption générale de ce merveilleux éclairage. Il y aurait pourtant un moyen de conciliation qui profiterait à tout le monde. Si les navires à voiles ne peuvent l'employer pour les raisons ci-dessus indiquées, que les paquebots et les navires de guerre, ayant plus de commodités, plus de facilités, l'adoptent. Ce serait déjà beaucoup, parce qu'au moins, pouvant voir au loin et autour d'eux, s'il y a du danger, s'il y a quelque navire, ils feraient eux-mêmes, sans se déranger beaucoup de leur route, les manœuvres nécessaires pour éviter toute catastrophe. Employée dès lors, même d'une façon restreinte, la lumière électrique serait très utile. Elle montrerait son incontestable supériorité sur tous les autres systèmes d'éclairage, et contribuerait très-certainement à diminuer le nombre des collisions.

Dans ces derniers temps, il a été question d'un nouveau système d'éclairage électrique, qui, quoique plus petit et beaucoup plus simple que le système actuel, serait destiné à produire des résultats supérieurs à ceux obtenus jusqu'à ce jour. Ce nouvel appareil, construit dans les ateliers de MM. Sautter et Lemoine, où plusieurs phares destinés à la Russie sont en construction, était destiné au navire cuirassé le *Pierre-le-Grand*.

« Cet appareil, dit la *Science illustrée*, à laquelle nous empruntons ce passage, se compose d'une machine Gramme et d'un projecteur de forme particulière. Lors de l'installation de cette machine à bord du yacht le *Livadia*, on put constater que, par son petit volume, par sa forme ramassée et par la sûreté de sa marche, elle se prêtait, *mieux que toute autre,* à l'installation à bord d'un navire.

« Un avantage particulier de cette nouvelle machine, c'est de pouvoir donner deux lumières distinctes en même temps. C'est là un premier pas vers la solution d'un problème dont s'occupent aujourd'hui beaucoup de physiciens : à savoir, le fractionnement de la lumière électrique, afin de diviser en un certain nombre de petits flambleaux la source éclairante qui constitue l'arc électrique, et qui est d'une trop grande puissance pour être utilisée sans ce fractionnement, dans les cas ordinaires de l'éclairage. »

Cet appareil expérimenté à bord de l'*Amérique,* paquebot-poste de la Compagnie générale Transatlantique, a donné, dès le début, de très beaux résultats, s'il faut en croire les détails fournis par les journaux anglais et américains. Voici, en effet, ce que nous lisons dans le *Western Morning News* du 27 mars 1876 :

« Le paquebot-poste de la Compagnie générale Transatlantique, *Amérique*, commandé par M. Pouzolz, lieutenant de vaisseau, est arrivé sur rade de Plymouth dans la nuit de samedi (25 mars), venant du Havre. Après avoir embarqué les passagers et les dépêches, il a suivi sa route pour New-York, emportant un plein chargement et 180 passagers.

« L'arrivée du paquebot sur notre rade a causé quelque sensation provoquée par l'emploi à bord de la lumière électrique.

« Les administrateurs de la Compagnie transatlantique sont arrivés à cette juste conclusion, que, pour obtenir aujourd'hui le succès dans le trafic maritime, aucune dépense ne doit être épargnée en vue d'assurer à la navigation le minimum de risques et aux passagers le maximum de confort.

« Considérant que l'un des principaux risques de la navigation est le danger des collisions, qui se produisent presque toujours par la difficulté qu'éprouvent les capitaines à relever la position exacte du navire qui approche, le conseil d'administration, pour faire disparaître cette cause de risque, expérimente à grands frais à bord de l'*Amérique*, l'emploi de la lumière électrique.

« Le feu blanc réglementaire est remplacé par un feu électrique d'une grande puissance qui jaillit d'un phare en fer, élevé en avant du mât de misaine.

« L'effet est des mieux réussis, et les administrateurs sont disposés à munir d'appareils semblables les autres paquebots de la ligne.

« A l'arrivée de l'*Amérique*, l'entrée du port fut brillamment illuminée et les feux des navires à l'ancre, celui de la jetée même, se perdaient pour ainsi dire dans le rayonnement des feux du paquebot français.

« Lorsque l'on considère l'immense portée des feux électriques, leur force de pénétration de l'atmosphère, même en temps brumeux, il est bien évident qu'avec la moindre surveillance les abordages deviendront impossibles. »

Quelques jours après, le *Courrier des Etats-Unis* nous fournissait d'autres détails à ce sujet, non moins intéressants : (1)

« Une des curiosités de New-York, en ce moment, dit cette feuille, est le phare électrique du steamer l'*Amérique*, qu'on peut voir fonctionner tous les soirs de huit à dix heures. Cet appareil est destiné à prévenir les abordages.

« Le fanal, à verre prismatique blanc, qui porte la lampe électrique de M. Perrin, se trouve placé à

(1) *Journal Officiel* du 5 mai 1876.

l'avant du steamer, dans une tour de 7 mètres de hauteur au-dessus du pont. Le foyer de lumière se trouve de cette manière à 13 mètres environ au-dessus du niveau de la mer. La position qu'occupe la tour à l'avant du navire est telle qu'aucun objet n'est interposé dans les rayons lumineux, ce qui est d'un grand intérêt pour la vue de l'officier de quart.

« L'électricité est produite par une machine Gramme, capable de donner la lumière de 150 becs Carcel, et qui fait 950 à 1,000 révolutions à la minute.

« Par le moyen d'un ingénieux système de communication placé à portée de l'officier de quart, la lumière électrique peut être rendue à volonté intermittente ou continue, ou bien interrompue instantanément, sans que le mécanicien qui surveille la machine Gramme ait à s'en préoccuper.

« D'après le capitaine Pouzolz, la lumière intermittente avec dix secondes d'éclat, suivie d'intervalles d'obscurité de deux minutes, est la plus favorable; de cette façon, l'officier de quart n'est pas gêné par la manœuvre, ce qui a lieu avec une lumière continue.

« Disons aussi que sous peu, des essais de cet appareil vont être faits à bord du *Richelieu*, vaisseau cuirassé, mouillé sur rade de Toulon. D'après les renseignements pris à bonne source, on profiterait d'un espace situé à l'arrière du dôme de la cheminée, situé dans le faux-pont inférieur du vaisseau, pour y installer l'appareil Gramme qui s'alimenterait ainsi directement par les chaudières de la machine. »

Tout cela est beau, magnifique, merveilleux au point de vue des résultats obtenus ; mais nous le répétons, cela ne suffit pas ; le prix, encore trop élevé, ne permettra malheureusement pas à aucun navire marchand de se le procurer, et il ne faut pas perdre de vue que l'on a affaire à des armateurs, qui comptent les centimes, *pour joindre les deux bouts,* et non à l'État qui ne recule devant aucune dépense, quelque onéreuse qu'elle soit, pour l'armement des bâtiments de guerre. (1)

----

(1) Un exemple entre mille : on a dépensé *deux cent cinquante mille francs,* rien que pour le gouvernail du vaisseau cuirassé le *Richelieu.* Ce nouveau système ne donnant aucun résultat, il a fallu y renoncer et employer l'ancien système. Dire qu'avec cette somme de 250,000 francs, on aurait pu construire ou acheter une véritable flotille de navires marchands, d'un assez fort tonnage !

CHAPITRE XI.

Statistique générale des naufrages.

Notre intention n'est pas de faire ici l'histoire complète des sociétés de sauvetage établies de nos jours, chez tous les peuples civilisés, et qui ont eu pour berceau l'Angleterre. Mais quelques détails seulement pour savoir de quelle manière sont constatés chaque année les sinistres maritimes, ne seront pas jugés inutiles par nos lecteurs.

Dans chaque pays maritime un peu important de l'Europe et de l'Amérique, il existe aujourd'hui une société, publiant à des époques périodiques, — chaque quinzaine, mensuellement ou par trimestre, — un bulletin ou journal, donnant la liste aussi exacte que possible de tous les accidents de mer survenus sur ses côtes respectives, le nombre des navires sombrés et incendiés, le nombre des abordages, en indiquant également toutes les circonstances dans lesquelles se sont passés les faits, les actes de dévouement accomplis, le nombre des personnes sauvées ou noyées, si le navire s'est perdu corps et biens, etc.

Des envois ou échanges ont lieu entre ces diverses sociétés. Il est alors facile, pour les différents gouvernements ou pour les personnes qui s'occupent des questions de marine et de sauvetage, d'en faire un relevé général, d'en étudier exactement les causes, d'en rechercher les modifications et de voir quels sont les remèdes qu'il faut y apporter.

En première ligne, nous devons citer l'Angleterre, pays où l'hospitalité, le dévouement et les sentiments philanthropiques ne sont pas seulement légendaires et à l'état de vains mots, mais existent au contraire, dans toute la force du terme, et sont poussés jusques aux limites les plus reculées. Sur tous les points de la côte, s'élèvent de nombreuses institutions de sauvetage, vaillamment desservies par des brigades de sauveteurs volontaires, qui rendent des services immenses aux navires naufragés.

Toutes ces sociétés, soutenues par la coopération pécuniaire des personnes charitables, étendent de plus en plus la sphère de leur action, et prennent de jour en jour une importance extrême. De plus, il n'est pas rare de voir en Angleterre des personnes influentes et d'un rang très élevé, faire à ces sociétés des dons importants ou leur laisser par testament de fortes sommes d'argent. Ainsi, par exemple, un prince royal, un lord, à l'occasion d'une fête, d'un mariage, d'un anniversaire célèbre, fera cadeau d'un canot de sauvetage, dont le prix est de 10,000 francs environ. On comprend très-bien, alors, qu'avec de pareils soutiens, toutes ces sociétés ne peuvent que prospérer et devenir très florissantes.

A côté d'elles, et dans un autre ordre d'idées, mais toujours dans un but d'être utile et de favoriser la navigation — la grande force du pays — se trouvent de grandes associations, puissamment organisées, semblables à de véritables ministères, qui, à l'aide d'un personnel nombreux et choisi, recueillent des divers points de l'Angleterre et des autres pays, tous les renseignements les plus circonstanciés sur les sinistres pour dresser, à certaines époques de l'année, ces listes dont nous avons parlé plus haut, listes qui forment de véritables volumes, ornés de fort belles cartes à plusieurs teintes, afin d'en rendre la lecture attrayante et l'explication plus facile.

La première et la plus importante de toutes ces sociétés, est le *Board of Trade,* qui depuis 1852, rend de grands services à son pays et au commerce maritime en général. Son travail statistique est incontestablement le relevé le plus complet et le mieux fait qui soit publié chaque année. Les renseignements que nous allons donner sur cette institution, ont été puisés à bonne source et sont de la plus rigoureuse exactitude. (1)

(1) Nous les tenons en partie de M. Boisseller, consul de France à Liverpool, auquel nous adressons publiquement nos plus sincères remerciments, et en partie de différents journaux anglais.

La branche du gouvernement connue sous la désignation de *Board of Trade,* est un Comité du conseil privé et son intitulé officiel indique assez sa mission primitive : *The Lords of the Committee appointed for the consideration of all matters relating to trade and foreingn plantations.* (1) Nous disons « *mission primitive* » parce qu'elle s'est grandement multipliée depuis l'institution du Comité. Ce Comité est, en théorie, composé d'une foule de personnages étrangers à la navigation, mais célèbres par la naissance, par la position sociale qu'ils occupent, ou par les services éclatants qu'ils ont rendus au pays. Ainsi, on y compte des princes, des ministres, des évêques et des lords.

Ces membres purement honoraires, ne sont point retribués. Dans la pratique, ses travaux sont dirigés par un président et un vice-président, assistés d'un certain nombre d'employés, la plupart, anciens officiers de marine ou capitaines marchands retirés du service de la mer. Ces deux fonctionnaires exercent, en réalité, les fonctions remplies dans d'autres pays *par le ministère du commerce* et c'est ce qui fait que beaucoup d'écrivains, très-estimés, ont écrit que le *Board of Trade* n'était autre chose que le ministère du commerce.

____

(1) Les lords du Comité, chargé d'étudier tout ce qui a trait au commerce et aux produits étrangers.

Ce comité est un pouvoir consultatif plutôt qu'exécutif. Toutefois, ses attributions, dans ces derniers temps, ont pris une extension considérable. Le système des chemins de fer est aujourd'hui sous son contrôle ; de plus, il a acquis une juridiction entière pour les questions maritimes qui ne sont pas du ressort des tribunaux ou de l'amirauté. Ainsi, c'est par ses ordres que sont instituées les enquêtes en cas de sinistres maritimes ou de chemins de fer ; c'est lui qui veille à l'embarquement des marins, etc.

Le siége du *Board of Trade* est à Londres.

Depuis longtemps, les Chambres de commerce du royaume ont adressé de nombreuses pétitions au gouvernement pour avoir un ministère du commerce spécial ; cette question fait de grands progrès chaque jour, en raison de l'accroissement du commerce. Il n'y a pas longtemps encore, elle a été de nouveau portée par devant la Chambre des Communes et y a été l'objet de vives discussions.

Jusqu'en 1866, le *Board of Trade* n'avait enregistré seulement que les accidents survenus sur les côtes d'Angleterre. Mais le *Lloyd*, autre société très importante et très puissante, a publié pour la première fois, en 1867, une statistique des navires perdus sur toutes les côtes du globe. (1)

____

(1) Le mot *Lloyd* est le nom d'un riche négociant anglais, membre de la Chambre des Communes, qui en a été le fondateur.

2° Le *Lloyd* anglais est une association de négociants qui a son siége à Londres et son lieu de rendez-vous à la Bourse, où l'on traite de diverses questions maritimes, telles que assurances, expertises ou réparations de navires. Elle a des représentants dans tous les ports du monde et sa correspondance est par suite colossale. La nomenclature dite *Lloyd's list* annonce le départ et l'arrivée des navires sur chaque point du globe et fournit des renseignements précieux pour le commerce et les assurances.

3° En troisième lieu vient le *Veritas*, institution internationale qui est chargée de surveiller la construction et les réparations de navires dans presque tous les pays du monde et de leur donner une cote conforme à ses appréciations. C'est d'après ces cotes que les assureurs en Europe règlent leurs primes d'assurances. Le *Lloyd* et le *Veritas* ont donc beaucoup d'analogie ; seulement le premier s'occupe principalement de navires anglais n'importe où ils se trouvent, tandis que le *Veritas* est international et sa cote s'attache plutôt aux navires étrangers qu'à ceux de l'Angleterre.

Le siége principal du *Veritas* est, pour l'Angleterre, Londres et Liverpool, où résident des experts fonctionnant dans le Royaume-Uni. La direction générale en est à Bruxelles, à Paris et à Hambourg. Le *Veritas* a des agents et des experts dans les principaux pays.

4° Vient ensuite l'*Institution royale et nationale des Life-boats* ou Société centrale de sauvetage anglaise, beaucoup plus ancienne que les précédentes, puisqu'elle remonte à 1824.

Le *R. N. Life-boat institution* fait paraître, depuis 1852, un journal le *Life-boat*, sous la forme d'une publication trimestrielle. « Il a pour objet unique le sauvetage des naufragés et les moyens à employer pour diminuer les dangers de la navigation. Toutes les inventions anciennes et récentes y sont décrites et discutées. Cette publication a eu une influence considérable sur le développement des institutions de secours en Angleterre. » (1)

Outre ces grandes sociétés, il existe aussi un grand nombre de corporations particulières qui, quoique moins importantes, n'en rendent pas moins de très-grands services aux marins et au commerce maritime.

En France, ce n'est que depuis une dizaine d'années (1865) que l'on a entrepris de faire un semblable travail, à l'imitation de l'Angleterre. La Société centrale de sauvetage a été créée à Paris, en novembre 1865, sous la présidence de l'amiral Rigault de Genouilly, ministre de la marine. Elle publie depuis cette époque un excellent recueil, les *Annales du sauvetage maritime*, qui paraissait d'abord chaque

____

(1) Annales du sauvetage maritime.

mois, et maintenant, tous les trois mois depuis le 1ᵉʳ janvier 1873. Cette publication, dressée d'après les documents fournis par les administrations de la marine et des douanes, donne le compte-rendu de tous les actes de dévouement de nos marins, indique les sauvetages accomplis par les embarcations établies sur les points dangereux de la côte, donne la liste des récompenses accordées au sang-froid et à la bravoure soit des sauveteurs français, soit des marins étrangers, renferme toutes les inventions utiles, les découvertes susceptibles d'augmenter la sécurité des navigateurs. A chaque fin d'année, la société dresse un tableau général qui n'est autre chose que le résumé des indications fournies par ses bulletins trimestriels.

Outre cette Société centrale de sauvetage, il existe aussi en France d'autres sociétés locales, qui sans dépendre complètement d'elle, ont cependant de grands liens d'attache; ainsi les sociétés de sauvetage de Saint-Malo, de Saint-Servan, de Calais, de Cherbourg; la société humaine de la baie de Somme, la société humaine de Boulogne, etc.

En Italie, la première société de secours pour les naufragés a été établie à Ancône en juillet 1864; deux ans après fut créée la société ligurienne, à Gênes, puis celles de Venise et de Livourne.

L'Allemagne possède depuis 1861 plusieurs sociétés de sauvetage. Le journal *La Hansa*, fondé en 1864, imprimé d'abord à Hambourg et maintenant à Brême, est l'organe de la société de sauvetage allemande/ Le journal paraît tous les quinze jours, et, tout en s'occupant du commerce maritime, en général, il enregistre tous les accidents de mer survenus sur les côtes de l'empire allemand.

La Belgique, malgré son peu d'étendue sur la mer, puisqu'elle n'a que 70 kilomètres de côtes, a aussi, depuis fort longtemps, une société qui rend d'éminents services aux navigateurs. L'œuvre de secours maritime a été fondée le 20 octobre 1838 par arrêté royal contre-signé par M. de Thoux, ministre des affaires étrangères.

En Russie, nous trouvons le comité central de Saint-Pétersbourg et la société de sauvetage de Livonie, établie le 7 janvier 1872; d'autres sociétés, sont en voie de formation.

En Hollande, le sauvetage établi en 1824, a été réorganisé en 1864. La société a son siège à Amsterdam.

En Danemark, l'Etat est chargé de ce service créé en 1850.

L'Espagne également a établi, depuis quelques années, des sociétés de sauvetage.

En Amérique, les Etats-Unis, — dont les côtes toujours couvertes de brouillards sont très dangereuses, — possèdent depuis fort longtemps des sociétés de sauvetage. Nous trouvons la Société humaine du Massachussets, créée en 1701, qui embrasse la province dont elle porte le nom, soit une longueur de 350 milles. Il y a aussi la Société humaine de Boston, la Société de Sauvetage de New-York, nommée *New-York Life-Saving Benevolent association.* Ce sont des sociétés privées, mais aidées à l'occasion par le gouvernement et placées sous l'inspection des officiers de marine, comme en France, en Angleterre et la plupart des principaux pays maritimes.

Enfin si nous tournons les yeux vers l'extrême Orient, nous voyons aussi le sauvetage fonctionner. Il existe en Chine, sur les bords du Yang-Tsé-Kiang, une société de sauvetage qui rend aux marins des services considérables. (1)

Ici se termine la tâche que nous nous étions imposée. Puissent ces nobles et belles institutions — progrès touchant de la civilisation — se multiplier de plus en plus pour répandre au loin leur action salutaire et bienfaisante ! Puissent ces phares lumineux, placés sur tous les points du globe, comme des sentinelles vigilantes, signaler les dangers au milieu des tempêtes ! Puissent, enfin, toutes ces grandes et admirables inventions de notre époque, fortifier le marin dans ses pénibles épreuves, l'encourager à lutter

----

(1) Voir dans les *Annales du sauvetage maritime,* 1867, un excellent et très intéressant article sur cette société de sauvetage, par M. Eugène Simon, consul de France à Ning-Po.

contre les éléments, et lui montrer que, si malgré tous ses efforts, malgré toute son énergie, il vient à succomber, des cœurs généreux et dévoués, sans hésiter un seul instant, voleront à son secours pour l'arracher à la mort. Saluons avec respect ce beau dévouement, ce véritable et sublime principe de la fraternité qui se réalise dans de si cruels moments et qui donne la preuve vivante de ce que peut le cœur humain. Oui, qu'il nous soit permis de le dire en terminant, lutter corps à corps avec les éléments, les dompter et les vaincre soit par la science et la puissance du génie, soit par le courage et le dévouement, voilà assurément les véritables conquêtes dont un peuple intelligent, instruit et civilisé doit, à juste titre, s'enorgueillir et se montrer excessivement fier.

FIN.

TABLE DES MATIÈRES.

Toulon. — Typ. et Lith. Ch. Mouton et Cie, boulevard de Strasbourg, 56.